博士后文库
中国博士后科学基金资助出版

露水资源监测与开发

徐莹莹 著

科学出版社
北 京

内 容 简 介

　　露水作为一个环境因子,对植被和动物的生长与分布具有重要意义,其生态效应是多方面的。露水是重要的湿沉降组成部分,但由于它的凝结量小,人们对它的认知水平有限。在水资源日益紧张的今天,露水作为一种资源应该得到合理的开发和利用。本书由浅入深,介绍了露水的形成过程、影响因素、作用意义、露水收集和计算方法;重点关注湿地、农田及城市生态系统中露水的凝结过程、影响因素及其生态效应;介绍了下垫面差异对水汽运移的影响,并结合目前最严重的雾霾事件,深入讨论了雾霾与露水凝结的相互作用。

　　本书适合高等院校或研究机构生态学专业、环境科学与工程专业、大气科学与工程专业的教师、学生及相关科研人员阅读。

图书在版编目(CIP)数据

露水资源监测与开发/徐莹莹著. —北京:科学出版社,2019.4
(博士后文库)
ISBN 978-7-03-060809-3

Ⅰ.①露…　Ⅱ.①徐…　Ⅲ.①水汽-凝结-资源开发-研究　Ⅳ.①P426.3

中国版本图书馆 CIP 数据核字(2019)第 044454 号

责任编辑:刘宝莉　陈　婕　纪四稳 / 责任校对:郭瑞芝
责任印制:徐晓晨 / 封面设计:陈　敬

科学出版社出版
北京东黄城根北街 16 号
邮政编码:100717
http://www.sciencep.com

北京虎彩文化传播有限公司 印刷
科学出版社发行　各地新华书店经销
*
2019 年 4 月第 一 版　开本:720×1000　1/16
2019 年 12 月第三次印刷　印张:11 1/2
字数:230 000

定价:98.00 元
(如有印装质量问题,我社负责调换)

《博士后文库》编委会名单

《博士后文库》序言

1985 年,在李政道先生的倡议和邓小平同志的亲自关怀下,我国建立了博士后制度,同时设立了博士后科学基金。30 多年来,在党和国家的高度重视下,在社会各方面的关心和支持下,博士后制度为我国培养了一大批青年高层次创新人才。在这一过程中,博士后科学基金发挥了不可替代的独特作用。

博士后科学基金是中国特色博士后制度的重要组成部分,专门用于资助博士后研究人员开展创新探索。博士后科学基金的资助,对正处于独立科研生涯起步阶段的博士后研究人员来说,适逢其时,有利于培养他们独立的科研人格、在选题方面的竞争意识以及负责的精神,是他们独立从事科研工作的"第一桶金"。尽管博士后科学基金资助金额不大,但对博士后青年创新人才的培养和激励作用不可估量。四两拨千斤,博士后科学基金有效地推动了博士后研究人员迅速成长为高水平的研究人才,"小基金发挥了大作用"。

在博士后科学基金的资助下,博士后研究人员的优秀学术成果不断涌现。2013 年,为提高博士后科学基金的资助效益,中国博士后科学基金会联合科学出版社开展了博士后优秀学术专著出版资助工作,通过专家评审遴选出优秀的博士后学术著作,收入《博士后文库》,由博士后科学基金资助、科学出版社出版。我们希望,借此打造专属于博士后学术创新的旗舰图书品牌,激励博士后研究人员潜心科研,扎实治学,提升博士后优秀学术成果的社会影响力。

2015 年,国务院办公厅印发了《关于改革完善博士后制度的意见》(国办发〔2015〕87 号),将"实施自然科学、人文社会科学优秀博士后论著出版支持计划"作为"十三五"期间博士后工作的重要内容和提升博士后研究人员培养质量的重要手段,这更加凸显了出版资助工作的意义。我相信,我们提供的这个出版资助平台将对博士后研究人员激发创新智慧、凝聚创新力量发挥独特的作用,促使博士后研究人员的创新成果更好地服务于创新驱动发展战略和创新型国家的建设。

祝愿广大博士后研究人员在博士后科学基金的资助下早日成长为栋梁之才,为实现中华民族伟大复兴的中国梦做出更大的贡献。

中国博士后科学基金会理事长

序　言

　　对于露水，我们每个人都不陌生，晶莹剔透的水珠惹人怜爱。露水在夜晚形成，日出后便蒸发，国内外对露水一直缺乏系统长期的研究，这局限了人们对露水的认识，更没有人会将露水与资源联系起来。徐莹莹博士自 2007 年至今一直从事不同生态系统的露水监测和分析工作，得到了大量珍贵翔实的数据，补充了夜间近地表水汽、颗粒物等物质循环的空缺项。该书思路清晰，由浅入深，在介绍露水生态意义和作用的基础上，总结了露水监测和收集的方法，进一步深入讲述了露水在湿地、农田和城市系统中的监测结果，最后将露水与日益严重的雾霾事件相关联，多角度展示露水资源潜在的开发价值。

　　该书以露水凝结过程、影响因素、监测和收集方法等为主线，介绍的露水样品采集、模型构建和污染物源解析等方法，以及人类活动对水汽凝结的影响和露水对雾霾天气颗粒物去除效果等结论，有助于加强环境或大气专业的从业人员对微界面物质交换过程的认识。

　　该书集广视角、多学科、多门类、新成果为一体，展现了露水作为常见的自然现象之一的生态功能及其对动植物的作用与危害，知识性强，形式表现多样化，信息量丰厚，为人们了解露水的形成过程、露水在生产生活中的应用等相关知识提供了很好的途径，相当于一个比较丰富的专题性知识库。作者以小见大，通过微观的露水引发自然科学爱好者探索自然界的兴趣和思考，该书是一本难得的自然科学专著。

阎百兴

2018 年 7 月

前　言

　　水是地球表面分布最广和最重要的物质,是气候系统中最活跃的因子,它以各种不同形态参与生物圈的形成和演化,控制了很多自然界物质转化和能量交换过程,对全球气候变化的响应也十分敏感。陆面水分循环过程是气候系统多圈层水分交换的主要途径,降水是陆面水分的主要补给形式,引起了人们较高的关注。而同为湿沉降组成部分,由空气中水汽凝结形成的露水却常被忽略。研究露水对研究地-气系统的热量平衡以及生态系统的水分平衡、能量平衡和养分循环等具有重要的意义。此外,随着人口增加、全球气候变暖的加剧,水资源紧缺已成为全球性的环境问题,全面了解露水产生规律和凝结量,对于开发可利用水资源的途径、提高水分的利用效率、维持物种多样性具有重要意义。因此,露水资源研究一直是气象学、农学以及生态学等相关学科领域共同关注的重要课题,研究露水生态效应和气候效应将会对露水资源应用产生深远影响。

　　露水作为一个环境因子,对植被的生长与分布具有重要意义,其生态效应是多方面的。露水很大程度上控制了干旱半干旱地区微生物、昆虫的分布,可使秧苗复活,促进作物生长,提高产量。在热带雨林地区,凝结的水汽降低了叶片的蒸腾作用,露水浓重时,露水可直接由植株表面滴落到地面,增加土壤湿度,同时对林层及林下起到保温作用,减少叶片的水分蒸发。露水在形成过程中以大气中细小的气溶胶为凝结核,对空气净化有重要作用,因此它可作为污染指示剂以揭示近地表大气中的污染物质。露水在农业生产中同样具有重要意义。水田一般采用喷洒叶面肥的方式追肥,露水可促进叶面肥的进一步溶解,增加作物的快速吸收,减少肥料的损失,有利于提高肥料的利用效率。

　　本书由浅入深,介绍露水的形成过程、收集和计算方法,重点关注湿地、农田及城市生态系统中露水的凝结过程、影响因素及生态效应。其中,湿地、农田生态系统选择三江平原湿地(沼泽湿地和湿草甸湿地)及农田(水田和旱田)的代表植/作物为研究对象,采用原位研究法,系统地对露水开展监测、采样及分析,识别露水形成的主要影响因子,阐明湿地垦殖对露水凝结量、露水水质及水汽来源的影响,揭示人类活动作用对区域小气候水循环和大气环境质量的影响程度,为全面评价露水对湿地系统及农田系统植/作物生长的生态意义提供科学依据;城市生态系统选择吉林省长春市作为研究区,监测城市露水凝结的强度,分析露水的水质。针对城市雾霾事件日趋频发的现象,研究雾霾天气发生时,露水中水溶性离子变化情况,明确露水对近地表颗粒物去除的贡献,进一步揭示大气颗粒物沉降量和沉降速率,阐明污染物的循环过程及清除路径。

在撰写本书的过程中,作者参考了一些文献资料,并在书中引用、举例,在此向有关作者和前辈表示衷心感谢。同时,感谢中国科学院东北地理与农业生态研究所阎百兴研究员和祝惠研究员对本书进行审阅并提出宝贵建议。

由于作者水平有限,书中难免存在不妥之处,敬请读者批评指正。

作　者

2018 年 7 月

目　　录

第1章　对露水的认知

虽然露水的凝结量小,但其对自然界和人类的作用不容忽视。本章主要介绍露水的概念、形成过程中的影响因素、表征参数的定义和计算方法、露水资源的应用及其在不同生态系统中的意义,通过对露水资源的探讨和研究,以期改变人们对水汽凝结的固有认识,揭示各个生态系统的物质交换过程和演替变化规律。

1.1　露水和吐水

清晨,人们常可以在花、草叶片上观测到露水,但是在植物叶片上观测到的水珠不一定都是露水,有可能是植物的吐水。露水与吐水出现的时间、形式和条件非常相似,都可以在相对湿度比较大的清晨,在植物叶片上观测到,但二者的水汽来源和对植物的作用相差甚远。本节介绍露水与吐水的概念及异同点,重点描述吐水的作用,以及区分露水和吐水的方法。

1.1.1　露水

露水是在昼夜温差较大且空气中的水汽充足的情况下,由夜晚近地表水汽冷凝在地物表面形成的液态小水滴。露水的形成是非常普遍的自然现象,四季皆有,秋季发生得更为频繁,露水量也特别大。如图 1.1 所示,在秋季这样昼夜温差较大的季节,清晨在玉米叶片上形成的露水量是非常可观的。

图 1.1　玉米叶片上的露水

1.1.2　吐水

吐水是植物的一种生理现象。植物生长初期(通常为初春或盛夏),根系吸收营养物质处于活跃期,随着夜间气温下降,植物叶片水分蒸发过程减弱。植物根部埋藏于土壤中,其温度下降缓慢,根部的温度高于叶片,以致根的生理活动加强,从土壤中吸收更多的水分,使叶片的水压增高。此时,叶片会把多余水分从叶尖或茎上挤出,被挤出的水分不会立即蒸发,而是留于叶尖或叶片边缘,从叶片尖端或边缘的水孔向外排出液体,这一过程称为吐水。不是所有植物都有吐水现象,约有340属的植物存在吐水现象,主要包括水稻、小麦、高粱和玉米等禾本科作物。

植物蒸腾和吐水看似都是植物散发水分的方式,其实二者之间有本质的区别。植物体内的水分通过根毛、根内导管、茎内导管、叶内导管、气孔将根部吸收的水分以气态形式散发到大气中的过程称为蒸腾,它是复杂的生理过程。植物合成1~8g干物质要通过蒸腾作用代谢1kg水。吐水仅为植物的排水现象,在吐水过程中植物不合成新物质。蒸腾和吐水都通过叶片排出水分。蒸腾的水分以气体状态蒸发出来,因为蒸腾水汽量少且速度慢,所以肉眼无法识别。吐水是通过叶尖或叶片边缘的水孔排出水分,由于该途径排出的水分可以慢慢积累,最后形成水珠,可以被观测到。吐水现象一般发生在夜间,而蒸腾作用主要发生在白天。

吐水是植物消耗代谢的过程,植物为了维持体内水分的动态平衡,会将溶解部分有机物质和矿物元素的水分排出体外。因此,吐水的化学成分较为复杂,其中含有从根部吸收的氮、钾和磷等植物必需的大量元素,也有镁、锌和钙等微量元素。例如,吐水中除含有从根部吸收的氮、钙、钾和磷等矿质元素,氨基酸含量也非常丰富(春小麦吐水中氨基酸含量为7~121g/mL),含量最多的可达430g/mL。

吐水现象可以反映植物生存的状况。一般而言,观测到的植物吐水越多,说明其吸收的水分和养分越多,根系越发达。吐水直接反映植物生长过程是否健康,有吐水现象则预示农作物丰产。对于刚刚移栽的作物,若能观测到吐水现象,就证明作物适应了当地的环境成活了。如图1.2所示,在黄瓜叶片的四周观测到了吐水,说明该黄瓜苗生长情况良好。

图 1.2　黄瓜苗的吐水现象

通过观测吐水现象这一方法还可以有效判断外部环境对植物生长过程的影响,该方法简便且具有一定的实践意义。在水稻发育过程中,及时判断水稻的生长情况是非常必要的。一般而言,如果水稻的吐水量大,那么证明水稻的根部吸收水分充足,可以认为作物的根系生长正常;反之,如果水稻的吐水量非常小甚至没有吐水现象,则意味着水稻吸收的水分不充足,很可能不足以维系自身的水分平衡。因此,有经验的农业工作者在清晨密切关注水稻叶片上的吐水出现次数及吐水量,便可以了解水稻的生长态势。此外,不同生长期的水稻吐水情况也各有特征,例如,水稻秧苗在缓苗期由于根部发育还不完善,会出现吐水量减少的情况,在缓苗期末,根系恢复正常,吐水量也随之正常;水稻在扬花期的吐水量越多,证明水稻的成熟过程越好,通常是丰产的前兆,而在扬花期没有出现吐水现象,则证明水稻灌浆过程不完全,很可能会减产;在晒田期,稻田的上覆水减少,直接影响水稻根系吸收水分,水稻的吐水量明显减少。由此可见,在水稻整个生长过程中,可以通过观测叶片的吐水现象及时调整田间的管理工作。

1.1.3　露水与吐水的异同

露水凝结是普遍存在的一种气象现象,其凝结过程与局地的小气候有关,是由近地表水汽在地面及地物表面上凝结而成的,因此露水一年四季都能形成(当露点温度低于 0℃时,表现为霜),出现露水的物体也没有任何限制,可以是植物叶片,也可以是任何地物的表面。吐水是植物的生理现象,是植物生长过程中出现的排水形式,只能在植物生长期间出现,只能通过叶片上的气孔排出,一般仅在禾本科等植物叶片边缘上出现。就水汽来源而言,露水是一种外界水分的纯输入,而吐水为土壤水和叶片水的水分再分配。

叶片上出现的露水和吐水形态相近,仅凭肉眼很难将二者准确区分。若采集植物的露水和吐水样品进行化学组分的分析,可以发现两者的化学组成差异明显:吐水的成分以植物根部吸收的水分为主,除了水分外,还有溶解于水中的氮、磷、钾等大量元素和镁、锌、钙等微量元素,成分复杂,因此当吐水水珠蒸发后,能够观测到有白色物质附着在叶面上;露水是大气中的水汽遇冷凝结而成的,其组分与大气水相近,其蒸发后没有任何痕迹。

吐水现象能够证明根压的存在,因此还可以采取下述方法区分露水和吐水。在观测场内放任一物品(除植物),如石头或玻璃等,如果物品表面没有水珠,而植物叶片上有水珠,那么可以证明叶片上为植物的吐水。如果物品和叶片上均没有水珠,那么可以证明无露水或吐水现象发生。如果物品和叶片上都有水珠,那么叶片上的水珠可能是露水或露水与吐水的混合物,此时需要通过分析水珠的化学组分或通过氢氧稳定同位素示踪的方法来区分叶片上的水珠是露水还是吐水。第7章会详细介绍区分露水和吐水的方法及相关结果。

若不具备以上试验条件,也可以根据一般规律来判断。每年春季到秋季,在早上 8 时前后观测,若空气的相对湿度(relative humidity,RH)在 80% 以上,且当天的最低气温接近或低于凌晨 2 时或早上 8 时的露点温度,则一般会有露水出现,可不考虑吐水;若夜间的相对湿度小于 70%,当天的最低气温比凌晨 2 时或早上 8 时的露点温度高 5℃ 以上,这种情况下地物表面很难形成露水,则在叶片上的水珠一般为吐水。

1.2　露水的影响因素

在夜间无雨的清晨,基本可以观测到露水凝结现象。露水发生的一般条件是:大气中有露水凝结的凝结核(一般为大气中的颗粒物),同时近地表水汽达到饱和状态。天空晴朗、微风少云的天气条件易于促使露水形成。在微风轻抚的夜晚,由于地表的土壤或草木等物体散热比空气快,地物表面的温度低于空气,空气含水汽的能力减小,当较热的空气碰到这些温度较低的物体时,水汽在露点温度饱和而凝结成小水珠,被截留在地物表面,如大气近地表的水汽就会附着在树叶或草上,凝聚成小水滴,形成人们看到的露水。同一地区不同季节露水的凝结量各异,例如,旱田作物在秋季的露水量非常浓重,在春季则没有明显的露水凝结现象。同一季节不同地区的露水凝结情况也相差甚远,夏季岛屿生态系统的露水量远高于沙漠地区。露水的形成与大范围的气候相关性较低,仅与局地的气象条件密切相关。本节从温度、相对湿度、风速和露水凝结的下垫面等方面说明影响露水形成的相关因素。

1.2.1　温度

　　露水的形成过程复杂,与大气中的水汽和颗粒物动力学及热力学有关,一般而言,只有当地表温度降到露点温度以下才可能形成露水。日落之后,地物表面温度开始下降,大气中的水汽会首先遇冷凝结在温度下降最快的地物表面。因此,要求露水凝结的物体表面温度下降速度快于地物表面,凝露物体表面与下垫面平均气温有温度差(即逆温)的存在。为进一步揭示露水的凝结过程,刘文杰等(1998)对云南勐仑稀矮草地地表温度进行监测,研究表明该地区日落后地表气温下降迅速,19:00 时,在近地表(0~20cm)与近地表空气层较大的温差已经形成,即存在逆温层;到 20:00 时,逆温层的高度继续扩大,在 20~150cm 的空间高度均存在逆温层,此时近地表 0~20cm 的逆温强度逐渐减弱,在高度约 20cm 高的植株上因植物表面温度低于周边大气的温度,达到了露点温度,水汽凝结于植物的叶片或茎,露水凝结发生水的相变,水由气态凝结为液态,是释放热量的过程,因此在水汽的凝结过程中始终存在潜热的释放,增加了植物表面的温度,减弱了逆温层的强度;20:30 时,除了近地表 0~20cm 逆温层强度有所减弱,20~150cm 空间高度的逆温层强度也有所削弱;20:30 后,近地表的温度结构基本保持稳定,下垫面近地表的气温仍在缓慢下降;到次日凌晨 1:00,近地表大气中的水汽凝结接近饱和,在近地面形成雾;次日凌晨 3:00~5:00,0~150cm 空间高度的温度基本呈现等温分布,雾的形成改变了地表和气温的分布格局,温度的变化趋势与露水凝结初期相反,气温此时下降比地温迅速;次日清晨 7:00 左右,下垫面的气温呈现绝热分布的状态,即没有热量交换或温度变化的状态,水汽此时不具备凝结的条件。由此可见,在近地表呈现“逆温”状态时,大多伴随露水凝结现象的发生,当气温呈现等温或者绝热分布状态时,水汽不会凝结。

　　逆温层的温差大致为 1~2℃,即水汽凝结的物体表面温度与周边大气的温度相差 1~2℃,此时由于露水凝结表面温度较低,可以出现向外界较高温度的大气辐射的情况,称为负辐射。张强和卫国安(2003)在研究水分运移过程时,指出凝露表面的温度越低,越有利于水汽的充分、持续凝结。例如,土壤温度越低,凝结于土壤表面的露水量越大,一般在土壤温度小于 20℃ 时,能够观测到露水的凝结现象。Richards(2005)研究发现,城市地区由于地表的硬化,夜晚的温度较高,其露水量与周边地区的相比明显减少,水汽凝结的时间也有所推迟。Ye 等(2007)认为城市热岛效应造成的城市近地表温度升高是阻碍露水凝结的一个重要因子。

夜晚较高的地表温度不易形成逆温层,间接影响了城市相对湿度和露点温度:一方面,温度越高,要求水汽凝结发生时的相对湿度越高,城市下垫面基本被人为硬化,水汽相对较少;另一方面,较高的温度使近地表的蒸发过程加强,不利于水汽的凝结。因此,热岛效应明显的城市地区一般露水量较少。

近地表的温度绝对值和近地表的温差值可以直接反映露水量的大小,而有些因子则间接通过温度影响露水的形成。例如,有雾发生的清晨,一般都有露水凝结且露水量较多,但并不一定会出现雾。这是由于地表白天接受太阳的短波辐射,夜晚通过长波辐射的形式散发热量,这个过程中地表的气温会持续降低,如果地表存在充足的水汽,那么在逆温层和水汽同时存在的条件下,地物表面很容易有水汽凝结,在水汽凝结过饱和时,多余的水汽会附着于近地表悬浮的颗粒物上,形成雾。因此,有雾形成时,一般是近地表的露水已经过饱和。此外,云量也是间接通过温度影响露水凝结的相关因素。云层的厚度影响地表长波辐射散发的热量,间接使地表降温速度变缓,云量可以侧面反映辐射能量的多少和温度降低的快慢(Beysens et al.,2005)。如果夜间云层较厚,那么地面就像盖上一条棉被,遮挡住地面长波辐射向高层的释热,近地表的降温过程变得缓慢,水汽在较高的温度中不易达到饱和,会抑制露水的凝结。

1.2.2　相对湿度

相对湿度不能直接说明大气中水汽的绝对值,即不能反映水汽的多少,但是反映水汽接近饱和的重要指标,可以说明大气中水汽接近饱和的相对程度。相对湿度是露水凝结过程中的关键影响因子之一。水汽是露水凝结的重要物质,相对湿度越高说明能够凝结为露水的水汽越充足。Monteith(1957)认为并不是周围空气的相对湿度要达到饱和状态,即相对湿度为100%时才有露水形成,只要凝露表面的温度达到露点温度且大气中有充足的水汽就可形成露水。当凝露表面的水汽在温度降到露点温度的瞬间即可凝结,从微观层面而言,在凝露发生瞬间的表面相对湿度达到了100%,但由于逆温层的存在,周围大气的相对湿度并没有达到饱和状态。相对湿度与地表温度之间的联系紧密,露点温度通过相对湿度计算而来,因此三者密不可分,一般而言,在周边大气的相对湿度达到90%以上就有可能形成露水。Richards(2005)在探究城市周边农村地区露水强度时指出,相对湿度是露水凝结过程的决定性因子,农村地区露水量较城市地区高的原因主要是其有较高的相对湿度。Ye等(2007)分析了广州市不同功能区的露水凝结情况,结果发现不同下垫面条件下露水量差异显著:未经人类活动改变的绿化区平均露水量明显高于商业区、工业区和住宅区,主要原因是绿化区的相对湿度显著高于其他类型的功能区。

逆温层对露水形成的作用明显,逆湿层同样对水汽的凝结影响显著。张强和卫国安(2003)对敦煌戈壁绿洲荒漠表层的土壤逆湿进行了分析,通过对土壤不同深度湿度廓线的研究,深入探讨了逆湿作用对露水形成机制的影响。其研究结果表明:地表 0~5cm 的土壤层在日间的湿度下降明显,这是由于日间温度较高,地表的土壤经过了强烈的蒸发过程,夜晚土壤的湿度上升,说明有近地表的水汽凝结或者下层土壤有水分向上运移过程的存在;5~10cm 的土壤层相对湿度也有变化,但没有表现出日间降低夜晚升高的规律,10cm 以下的土壤层湿度基本保持稳定,这说明戈壁绿洲荒漠地表的土壤水分基本没有来自于地下水分的运移补给,主要还是以夜间地表水汽凝结,即露水的补给为主,大气凝结水是最重要的水分输入项。他们对夜间大气层的湿度监测分析发现近地表存在逆湿现象,即随高度的上升,近地表相对湿度下降。结合地表土壤的相对湿度数据,可知逆湿是促进露水凝结的重要因素。

1.2.3 风速

在夜晚地表降温的过程中,风有利于加速横向和纵向的水汽及热量的物质能量转移。微风可以将地表辐射的热量快速转移,有利于地表的降温过程顺利进行;微风可以给地表带来充足的水汽,在相对湿度和温度两方面同时保证水汽凝结。无风天气时,一般近地表的热量散发过程缓慢,达到露点温度的时间长,减少了露水凝结的有效时间。强风有利于热量的快速散发,但水分子发生湍流运动的同时不利于其相互间的结合,强风过程中的露水的凝结量少。因此,对露水形成而言,微风是最有利的气象条件。Muselli 等(2002)对凝露的夜晚风速进行监测,认为露水形成量较大的夜晚通常近地表风速低于 0.5m/s,大于 3.0m/s 风速的夜晚很少有露水形成。Beysens(1995)也发现,在微风的气象条件下,水汽更容易凝结。张强和王胜(2007)研究指出,较小的风速是保持近地表大气层结构温度的重要因素,微风的夜晚极易在地表形成"逆温逆湿"的气象条件,有利于增加露水的出现频次。从微观层面而言,这是由于水汽分子在不受扰动的情况下可以扩散到稳定边界层,逐渐增长成为小水滴,只要浓度梯度存在,露水量就会持续增加。地形特征对风速的影响较大,因此河谷及盆坝地区较易形成露水。在低洼地区,大气中的水汽较为充足,冷空气密度大,易于在盆地等地区沉降,可降低低洼区的温度。而在风速较大的高山区或丘陵区,水汽不易积累,很难形成露水。

风速并不是露水形成的绝对因素,在不同的地形条件下,风速对水汽凝结的影响也有差异。例如,刘文杰等(1998)指出,只要满足相对湿度和露点温度的条件,即便在强风的天气条件下也有露水凝结现象。Ye 等(2007)在对广州市区露水凝结的监测过程中发现,露水量和风速并未有明显的关系。综上可知,风速并不是露水形成的必要条件。

1.2.4 间接影响因素

露水凝结是由局地气象特征决定的,因此地区的下垫面状况(如土地覆盖类型、颗粒物质浓度等)间接决定了气象条件(如温度、相对湿度、蒸发散、风速、辐射等)的差异。露水是一个气象因子,因此气象参数对露水形成固然重要,下垫面的类型也是水汽凝结频次和凝结量的重要依据(Li,2002)。叶有华等(2009)对广东省从化地区三种不同下垫面(包括草地、矮灌和混凝土路面)条件下露水凝结的强度进行了监测和分析,结果表明:草地、矮灌和混凝土路面在春季和冬季露水凝结的强度差异不显著($P>0.05$),夏季矮灌和草地露水的凝结强度显著高于混凝土路面露水凝结的强度($P<0.01$),矮灌和草地露水凝结强度差异不显著($P>0.05$),三种下垫面的水汽凝结在秋季差异显著,其中各矮灌露水凝结强度显著高于草地和混凝土路面($P<0.01$)。这主要是由于不同下垫面吸放热的性质有差别,日间接受短波辐射和夜晚散发长波辐射能力有差异,草地和矮灌对水汽和热量的响应更快速,近地表更易形成负辐射,日间蒸发量较大,夜间水汽也易在地表冷凝。此外,有植物覆盖的草地和矮灌在对水分的蒸散发能力方面强于混凝土硬化的路面,直接导致水汽在夜间冷凝的速率和持续时间等明显不同,这是导致不同下垫面在同一季节露水强度有显著差异的重要原因。

颗粒物的浓度也是影响露水凝结多少的重要影响因子。例如,在农村地区,为了避免减产,防止冷空气过境时在作物茎叶上凝结露水或霜,在冷空气即将到来时会在田边燃烧火把或燃烧秸秆,大量寒冷的水汽在到来时首先会选择凝结在地表悬浮的颗粒物上,通过这种方法便可有效避免作物被"霜打"或凝结厚重的露水,但该方法增加了近地表的颗粒物浓度,在相对湿度增高的条件下,形成局地的雾霾气候。雾霾和露水在形成时间和条件上非常相似,关于雾霾和露水的关系在第8章详细介绍。

综上所述,露水形成过程与许多气象因素密不可分。无论是干旱少雨的沙漠地区,还是气候湿润的热带雨林,各生态系统影响露水形成的最关键气象因素均为相对湿度,充足的水汽含量是露水凝结的前提条件。温度是影响露水量多少的另一个重要因素。露点温度代表着空气中水汽与饱和水汽的关系,当气温下降至露点温度时,空气中水汽开始凝结。空气温度低或降温速度快均可加速空气中水汽的凝结,当空气中水汽充足时,露点温度高,反之,露点温度低。但在不同生态系统中,温度对水汽凝结的影响有明显差异,例如,在沙漠、城市及草原生态系统,露水量均与气温负相关;在森林生态系统中,露水量与降温强度正相关;在湿地系统中,露水量与露点温度正相关。因此,气温的高低并不能决定水汽凝结的快慢和多少。气温和空气相对湿度可影响任一生态系统中露水的形成。除此之外,其他气象因子对不同地区露水凝结的影响不一,如夜间风速,其大小对沙漠生态系统无影响,但风速越大,热带雨林中的露水量越大,这是由于雨林相对湿度均较高,但在雨林中植株枝叶繁茂,林冠层温度下降较慢,风可及时带走冠层下释放的热量,使温度尽早达到露点温度,而在湿地系统,过大的风速使水汽不易凝结。总体而言,相对湿度是露水形成的保障因子,温度是露水形成的必然条件。风速、云量、下垫面类型等其他气象条件均是对相对湿度或温度的影响,间接影响露水凝结。

1.3　露水的表征

本节从露水出现的频次、凝结时长、凝结快慢、凝结能力强弱和凝结量几个方面分别定义具体的描述参数,通过规范露水的相关参数量化水汽凝结的输入量,并在此基础上进一步对比不同地区或生态系统露水的差异。本节是开展露水监测和分析研究的基础和前提。

露水和雨水、雪水、霜一样,是湿沉降的一种重要形式,为便于露水研究的系统开展,露水的相关参数定义如下。

露水频次(dew day)D_d:某一时段露水出现的次数,用于表征露水出现频率的高低,与夜间露水凝结次数无关,只要在露水凝结时段发生了水汽凝结即按一个统计单位计数,表征露水出现的次数(以天为单位)。

露日频次(dew frequency)F:一段时间内露水出现的次数与总天数的比值,表征露日出现的频率(以%为单位)。

露水历时(dew duration)T:每日水汽开始凝结至凝结量达到极值历经的时间,表征每日露水出现时间的长短(以 h 为单位)。

露水强度(dew intensity)I:每日凝结在所有地物表面(植株和土壤等)的单位叶片面积露水的深度,表征水汽凝结能力的强弱,计算公式为

$$I = \frac{10(W_r - W_s)}{S} \tag{1.1}$$

式中,I 为露水强度,mm;W_r 为日出前监测器质量,g;W_s 为日落后监测器质量,g;S 为监测器表面积,cm^2;10 为换算系数。

露水量(dewfall)D:某一时间段凝结在所有地物表面(植株和土壤等)的单位

面积土地上的露水深度(以 mm 为单位)。例如,时间段为一年,则年露水量为一年单位面积土地上露水量的总和,与降水量的表征方式相似,露水量直观表征单位面积土地上露水凝结的多少。

例如,在湿地或农田等生态系统中,露水多凝结在植物的茎叶上,露水强度仅能代表日单位叶片面积露水量,露水强度与叶面积指数(leaf area index,LAI)的乘积可表示日植物露水量,体现湿地系统露水凝结的特征。在植物叶片的两面均有露水凝结,需用系数校正,即

$$D = \sum_{i=1}^{n} D_i \tag{1.2}$$

$$D_i = 2LAI_i \bar{I}F \tag{1.3}$$

式中,D 为露水量,mm;D_i 为某时间段的露水量,mm;LAI_i 某时间段的叶片面积指数,cm^2/cm^2;$\bar{I}$ 为某时间段露水强度均值,mm;F 为某时间段内露水频次,2 为植物叶片正反面系数;n 为测量 LAI 的次数。

凝结速度(condensation velocity)V:露水历时中某一时间段的平均露水强度,表征水汽凝结的快慢,计算公式为

$$V = \frac{10(W_i - W_j)}{tS} \tag{1.4}$$

式中,V 为凝结速度,mm/h;t 为某一时间段,h;W_i 为 t 对应的起始时间收集器质量,g;W_j 为 t 对应的终止时间收集器质量,g。

以上 I 和 V 为分别计算植物不同高度(冠层和底层)的凝结情况,最后结果应将各部分相加。

平均凝结速度(mean condensation velocity)$\bar{V}$:每日单位时间内平均露水强度,表征每日露水凝结的平均快慢程度,计算公式为

$$\bar{V} = \frac{I}{T} \tag{1.5}$$

式中,$\bar{V}$ 为平均凝结速度,mm/h;T 为露水历时,h。

1.4 露水的应用

古时候,人们对于露水的认知很有限。在古罗马时代,医生一般会建议患者喝下一罐新鲜的露水。在我国古代,有人认为露水可以医治百病,例如,用露水来洗眼,可以明目、轻身,使人精力充沛,衰老缓慢;用露水搽脸,能使人容颜健康、美丽;还有人认为露水可用于炼长生不老丹。在科技发达的今天,不再将采集的露

水入药或直接应用露水治疗外伤。而今天,露水作为一种资源,已经成为人类和植物可利用的重要水源。本节从露水作为饮用水和被作物吸收利用两方面介绍露水资源的应用价值。

1.4.1　饮用水

古人将露水入药或酿酒已是一种习俗,那么露水是否能够直接饮用或酿酒呢? Beysens 等(2006)分析了露水在 22℃和 36℃时的细胞菌落形成体数目,研究发现,在 22℃条件下,露水中的细胞菌落多为植物性细菌,且菌落等级低于欧盟规定的植物性细菌最大等级 100CFU/mL,因为这些植物性细菌大部分来自大气环境,故食用这些细菌对人体并无害处;在 36℃条件下,露水中的细胞菌落多为源于人和动物的细菌,世界卫生组织(World Health Organization,WHO)规定的可饮用水的动物性细胞菌落最大等级是 10CFU/mL,这个标准包括所有的大肠杆菌、抗热杆菌和埃希氏大肠杆菌等,水样的测试值要低于 10CFU/mL,因此露水的水质接近于可饮用水的标准,但是为了安全和卫生,仍需要进一步的消毒处理(如过滤或煮沸)后才可饮用。另外,古人收集露水酿酒有一个重要的原因是,古时的空气质量非常好,露水中基本没有杂质。但如今空气质量日益恶化,工业废气、路边扬尘、汽车尾气等的排放导致大气中的颗粒物质量激增,也使如今直接收集到的露水早已达不到饮用或酿酒的标准,但将收集的露水进行过滤消毒等处理,可作为饮用水的重要来源。

1.4.2　作物吸收利用

清晨时分作物叶片上的露水在日出后 3～4h 后消失,露水在蒸发过程中除部分水汽蒸发至大气,另一部分直接被植物吸收和平衡土壤水分。当露水量较为浓重时,露水可以从枝叶表面直接滴落到地面,补充土壤的水分,成为土壤额外的水分输入。夜间形成的凝结水在日间可参与地表水分与大气层水汽的交换过程,弥补日间蒸发作用导致的土壤水分的散失,使表层土壤水分不会迅速减少,改善局部水循环,成为影响土壤氮素转化的关键环境因子。

有部分学者对植物吸收露水的情况进行了研究,发现植物气孔夜间是不闭合的,在露水凝结过程中可被植物吸收(Easlon and Richards,2009)。Kim 和 Lee (2011)发现叶片在清晨 δ^{18}O 值偏高,通过氢氧同位素示踪法分析发现,大豆、小麦、棉花和玉米等旱田作物 72%～94%的叶片水来源于露水,仅有 10%左右的叶片水来自植物茎部。Corbin 等(2005)对临海草原多年生草本植物也进行过类似研究,发现草本植物中 28%～66%的水分来源于雾露水,可见露水可以被植物叶片直接吸收。

露水有助于农作物的生长。在烈日炎炎的夏日,农作物在日间的光合作用强烈,大量水分随叶片蒸腾作用散失,叶片有时会发生轻度的枯萎。日间蒸发的部分水汽在夜间会以露水的形式沉降在叶表,由于露水的形成,水分可以直接通过作物叶片的气孔直接被吸收,其吸收的速率要远高于根部对水分的吸收速率,农作物再次恢复了生机。此外,露水补充了作物体内的水分,有助于作物对已积累的有机物进行转化和运输。

露水凝结过程中溶进了一些飘浮在大气颗粒物中的氮化物或微量元素,它们沾在叶面上可让植物直接吸收,起到"叶面肥"的功效。在少雨干旱的季节,露水又是农作物生存的水源之一。据测定,一晚上的露水量一般为 0.1~0.3mm,多的甚至可达 1mm,相当于每晚降落一场零星小雨。需要注意的是,露水附着于植物叶片上更容易被叶片吸收,而雨水通常直接渗入地表,更多为植物根部提供水分。通过对露水分子的化学组成和价态、结构进行研究发现,露水并不是普通的水,组成露水的氢、氧原子结合的"共价键"似乎发生了微妙的变化。营养学家通过露水的化学组分分析后发现,露水很可能含有植物渗出的某些对人体有益的化学物质,如微量元素等。由于露水是夜间近地表水汽冷凝后的产物,露水中几乎不含重水(由氘和氧组成的化合物,分子式 D_2O,分子量 20.0275,比普通水(H_2O)的分子量 18.0153 高出 11%),故露水的渗透性较强,易于被植物叶片吸收。

露水对植物作用的效应争议已久,部分学者认为露水有利于促进植物生长。叶有华等(2016)发现,露水对城市生态系统马缨丹的生长有积极促进作用,对其生长和生物量积累都具有促进作用。潘颜霞等(2013)发现,干旱区露水形成量与生物土壤结皮中的叶绿素含量呈正相关关系,露水的形成有助于提高旱区生物土壤结皮的生长活性,有效积累并提高结皮的生物量。但 Crutzen(2004)认为,露水对植物生长具有负效应,随着城市工业的迅猛发展,大气湿沉降酸化趋势明显,城市露水中的金属离子和氯离子对植物生长有害。Schmitz 和 Grant(2009)发现,若露水蒸发历经的时间较长,则许多细菌病原体或真菌在潮湿的环境中释放孢子,可以感染寄主植物,同时增加植物发病率。因此,露水对植/作物的作用要结合当地露水的凝结量及其水质进行分析。对不同生态系统露水量的计算及水质的分析将在第 4~6 章详细介绍。

1.5 露水的生态意义

本节介绍露水对沙漠生态系统、森林生态系统、草原生态系统、农田生态系统和城市生态系统的生态意义。在干旱少雨的荒漠地区,露水为结皮植物及小型动物的生长提供了必要的水源;植物能够在漫长且干旱的森林干季持续生长也得益于可观的露水资源;频繁的露水凝结对草原荒漠化或由本草植物演替为灌木起到了关键作用;农田作物上观测到的大量露水一方面有利于作物对叶面肥的吸收,露水蒸发过程释放的潜热也有效地缓解了低温对作物的不利影响,但过于浓重的露水阻碍了作物花粉的有效传播,也为蚂蚁等啃食粮食的昆虫提供了水源;对城市生态系统而言,露水的凝结过程去除了近地表人类呼吸范围的细小颗粒物,是自然净化空气的过程。

1.5.1　沙漠生态系统

露水可以补充沙漠缺水地区土壤蒸发和植物蒸腾的水分,并提供水分给耐旱性植物,有助于微生物和孢子植物生长,加速生物结皮的生长。我国科研工作者早在 19 世纪 60 年代于甘肃民勤和宁夏沙坡头等北方干旱半干旱地区开展了露水凝结的研究。研究发现,沙表植被的繁衍能起到一定的固沙防风作用,阻止或减缓了沙化的发生和发展,同时生物结皮又促进露水形成,可见露水对沙漠化扩散起到了很大的抑制作用(郭占荣和刘建辉,2005)。此外,更进一步的研究结果表明,细沙大约比砾石多 1.8 倍的凝露量,这表示沙漠地区比戈壁更易凝结露水。张强和胡隐樵(1998)监测了绿洲下游荒漠中大气水汽的移动情况,研究表明,夜间在大气逆温层的强迫作用下,水汽通过水平平流和湍流的形式进行输送,在近地层发生水汽的凝结,凝结的露水可以有效地被植物吸收利用,因此白天经历强烈蒸发的水汽,夜晚可在下游的荒漠表面发生凝结,二次被有效利用和吸收。在干旱少雨的荒漠地区,这部分水汽是维持绿洲植物生长的重要水分输入,对绿洲周边生长的植物是赖以生存的水分补给,可以说露水对维持荒漠地区的生态平衡具有重要意义。

露水不仅影响大量微生物、植物在荒漠中的分布模式,也为沙漠中的小型动物提供了赖以生存的水源。在澳洲内陆的沙漠中,生活着一种带刺的蜥蜴,名叫澳洲棘蜥,它长相极为怪异,外表多刺,这些刺相当于其全身布满了"毛细管"和无数细微的"沟渠",而且这些褶皱全部汇集到棘蜥嘴部。每当沙漠地区夜晚凝结露水的时候,棘蜥可以利用脊背上的"沟渠"有效地将露水引入自己的口中。

1.5.2　森林生态系统

森林地区一般雨水较为丰富,空气温暖湿润。人们对森林地区露水的研究较少,我国仅在西双版纳地区雨林开展了露水的监测。在西双版纳热带雨林,占半年之久的干季(11 月～次年 4 月)降水量仅为全年的 13％～17％,且多为雷阵雨,尤其是干热季 3～4 月几乎无雨,而此时又是一年内最炎热的时段,热带植物和动物却能生长和生存,是因为雾露水扮演着重要角色。在干季每日清晨,热带雨林林下植物及表层土壤均被由上层林冠截获并滴落的雾露水所浸湿,而这些水分是植物白天蒸腾失水的重要来源。生存在森林中的动物一般可以轻易攀爬在树上,在漫长而干燥的旱季,以吸食树枝叶上的露水为生,如澳大利亚绿树蛙(见图 1.3)和蜥蜴(见图 1.4)。蜥蜴颈部有可伸展的皮褶,头上有角或盔,喉部有棘或皱褶等。随着外界温度的变化,夜间可以在身体表面或褶皱内凝结露水。蜥蜴的头颅的前部由薄的软骨和膜构成,眼睑多可动,舌头灵活有韧性,可用舌头舔舐凝结在身上的露水(见图 1.4)。

图 1.3　以露水为生的树蛙

图 1.4　蜥蜴用舌头舔舐眼睛上的露水

利用森林生态系统中以露水为生的动物的习性,可以除去对人类有害的动物,如天牛。天牛以木本植物,如松树、柏树、柳树等为食,是植食性昆虫,对植物的危害较大。天牛有时会啃咬少数木材、建筑材料、房屋梁柱和室内家具等,对建筑木材、林业生产和作物栽培等均有威胁。天牛喜饮露水,因此利用天牛清晨喜欢在枝头吸食露水的习性,在夏季天牛羽化高峰期的清晨,可摇晃树干捕杀天牛。

1.5.3　草原生态系统

露水是草原群落的重要水资源输入项,影响草原生态系统生物群落的分布模式和演变方式。露水可以对群落夜间潜热释放损失的水分进行补偿,露水量的多少直接影响草原荒漠化的进程或草原群落向顶级演替的恢复过程。露水对生存在草原生态系统的动物种类或数量有重要意义,例如,草蝉是草原中最常见的一种蝉,数量多,普遍生长于低海拔的平地草丛间。草蝉的幼虫住在土里,喝露水或吸芒草类植物根的汁液长大,夏天一到,便爬出地面羽化成虫,长出翅膀,在短短的 2～4 个星期寿命里,只吃树汁与露水。因此,露水的形成频次和凝结量直接决定草蝉等昆虫的数量,进而影响草原生态系统的物种多样性。

1.5.4　农田生态系统

露水对农业作物生长有重要意义,它是干旱季节重要的作物水分来源,对农田水分平衡起到一定的协调作用,可以减缓农田土壤干燥。另外,露水形成释放的潜热及雾的逆辐射,对地面具有一定的保温作用。刘文杰等(1998)在西双版纳农业区的研究表明,由于露水在凝结过程中放热,避免了作物在夜晚受到降温的影响,尤其是在冬季,在凝露过程中,作物层的温度显著高于上层空气 $0.4～0.5℃$,有时可达 $2℃$ 左右,可见水汽的凝结过程有效地缓解了作物冷冻害的不良影响。此外,露水在清晨蒸发吸收,使得作物叶表的温度不会迅速升高,叶片的温度因为经历了夜晚露水的凝结和清晨露水的蒸发过程,温度变化缓慢,不会随着气温的骤变快速响应,因此极大地降低了作物冷冻害的可能性。

旱田农作物叶片上的露水可增强作物抗旱能力。大豆和玉米叶表均长有密集的绒毛,在炎热的夏季,绒毛上凝结的露水可以被作物叶表充分吸收利用,补充作物日间蒸发的水汽,从而提高植株的抗旱能力。研究表明,玉米叶片具有集纳雾露的功能,使露水沿着叶鞘流淌到根部土壤之中,提高了根部土壤湿度(高连国等,2001)。露水对施肥及喷洒农药也有利。水田一般采用喷洒叶面肥的方式追肥,适量露水可促进叶面肥的进一步溶解,增加作物吸收叶面肥的速率,可减少肥料的损失,有利于提高肥料的利用率。此外,为延长叶片被肥料溶液湿润的时间,有利于营养元素的吸收,叶面肥可选择在晴朗无风的傍晚前后施用,这样可以延缓叶面水分风干的速度,有利于肥料向叶片内渗入。

但是,露水对植物或作物也有不利的一面,例如,露水为以庄稼和新鲜的水果为食的蚂蚁等昆虫提供主要的饮用水源(见图1.5和图1.6)。有些植物需要进行花粉的受种过程,浓重的露水不利于花粉的自然传播;露水的蒸发过程需要吸收

图 1.5　蚂蚁喝露水的瞬间(新浪收藏,2014)

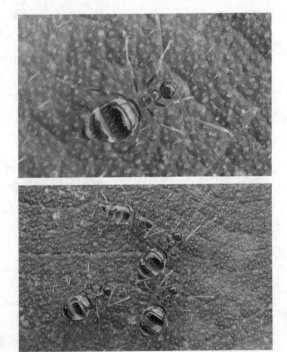

图 1.6　喝足露水的蚂蚁(橡树摄影,2016)

热量,在气温持续较低的季节,露水蒸发过程会使地表的气温保持较低的状态,延长了作物的冷冻时间。露水中由于含有一些营养物质可被某些真菌或害虫利用,给植物生长带来不利影响。例如,当作物叶片长时间被露水膜包裹时,叶片与外界的物质交换速度变慢,一些叶斑病、线虫病等病害在有露条件下,极易从作物叶片的气孔处侵入,在作物的体内将真菌等病菌不断蔓延。这都是特殊情况下或对少数作物产生不利的一面,可以在气温较低的季节通过"赶露水"的方式去除露水,这样经过机械振动赶露水后喷施肥料比单纯施肥更具增产潜力(林俊城等,2008)。

1.5.5　城市生态系统

城市是通过人类大规模改造而成的生态系统,其下垫面性质与自然生态系统显著不同。作为人类生存的场所,露水的形成对城市的水环境及大气环境意义重大。城市露水量虽小,却是不可或缺的城市水分输入项。露水凝结的过程中,以近地表微小的颗粒物作为凝结核,因此对人类呼吸范围的空气净化起到了积极作用。城市是人类较为集中的地区,环境的质量尤为重要,可以通过增加地表植被覆盖的方式促进露水的沉降。此外,应该加强对郊区生态环境开发建设中的合理景观规划,例如,不同的植物品种对露水的凝结量差异显著,可以在市郊开发建设区域,根据乔灌草的生态效应和露水沉降量的差异,适当增加乔灌的比重,合理分布草地,最大限度地降低硬化地面、人行道和广场等地的裸土面积,采用透水性强的材料铺设路面或广场,这也与"海绵城市"的理念相吻合。

第 2 章　露水的收集

地球上之所以有智慧生命,一个很重要的原因是地球是一个"水球",但是可饮用的水资源非常有限。在发展中国家,数以百万计的人们缺少饮用水的来源,通常不得不利用那些可能被危险的寄生虫、毒素或者悬浮物污染的溪流或者湖水等作为水源。除了江、河、湖、降水、地下水等淡水资源,大气中也蕴含着非常丰富的水资源,这就是水汽,只是这些在大气中的水汽常被大家忽略,一直没有得到有效的开发。目前全球水资源紧缺,露水作为一种饮用水资源被高度关注,露水收集的方法也呈现多样化和高效化。本章聚焦几种应用广泛的露水收集器,总结露水收集器的设计思路和方法,并介绍野外收集露水的方法,以期开阔读者对露水资源开发利用的思路。

2.1　露水收集器的类型

两千年前,古人已经开始收集露水入药或酿酒,尽管露水的形成量有限,但人们认为露水比其他形式的水资源(如雨水、河湖水等)更洁净,在浙江农村地区至今流行用脸盆接露水的习俗。露水的凝结水源以大气中的水汽为主,即便在干旱少雨的沙漠地区,露水资源也相当丰富。人们为了获得更多水资源,不断在改进露水收集器的材质和外观,以期获得更多的夜间凝结水。本节主要介绍目前对露水收集效果好、应用最为广泛的几种具有代表性的收集器。一些小型收集器外观各异,大多运用自然界中动物和植物对露水利用的方法或原理,以仿生学为基础,结合露水收集器材料的改良,达到对大气中水汽的收集和利用的目的,一个夜晚收集的露水量非常可观。除了一些小型的收集装置,许多大型的收集露水装置也陆续出现,如帐篷的覆盖物或房屋的瓦片,利用这些暴露在外部的设施,不仅可以收集饮用水,多余的水量还可以用于干旱地区的农业灌溉,通过材料的改进可以最大限度地缓解干旱区的用水问题,为当地的居民提供了稳定足量的生活用水。露水的收集开阔了人们对获取水资源的思路,极大程度上缓解了水资源日益衰竭的现状。

2.1.1　小型露水收集器

自然界中的大型动物迁移能力强,可以根据对不同地域雨季时节的判断寻找适合的饮用水源。很多小型昆虫动物所食的食物中只含有很少的水分,不足以提供生活所必需的水分,它们又不具备远距离寻找水源的能力,因此小型昆虫采用独特的方法通过捕获露水来获取维持生命活动正常进行的水分。此外,植物的叶片也提供了水汽凝结的载体,它是地表截留露水的主要场所。本节以纳米布沙漠甲虫、蜘蛛和植物叶片为代表,介绍以仿生学为基础的小型露水收集器。

1. 纳米布沙漠甲虫

纳米布沙漠的降水非常稀少,科学家选取纳米布沙漠甲虫作为研究对象,发现甲虫能够利用沙漠中昼夜温差大、夜间水汽易于凝结的原理,从潮湿的空气中得到水分。*Nature* 杂志上发表过一篇论述纳米布沙漠甲虫在沙漠中取水的过程的文章,这种甲虫寻找水源的秘密就是汲取雾中的水分。根据研究者在电子显微镜下对纳米布沙漠甲虫体表特征的观测发现,纳米布沙漠甲虫身上有凸起的“硬点”,这些“硬点”就像一座座在甲虫身上的“山峰”,“硬点”与“硬点”之间就形成了低凹的“山谷”,通过进一步细致的观测可以发现,在甲虫背部的“山峰”和“山谷”上,均匀地覆盖着一层蜡状物,像是一层防水层。在大雾飘来时,沙漠甲虫倒立身体,雾中的微小水珠会遇冷凝结在这些“山峰”上,然后顺着防水层中的“山谷”缓缓流下,一点一点流入甲虫的口中(见图 2.1)。每天空气中的湿度不同,甲虫获得的水分也有差异。假如某一天沙漠中的气温、相对湿度及甲虫体表的温度都特别适宜水汽凝结,甲虫一夜之间捕集到的露水量可相当于其体重的 40%,这个量是非常惊人的。

纳米布沙漠甲虫取水也是一个合作的过程,在夜里会来到沙丘迎风面上,然后用身体在沙丘表面上划出一道道平行的、相互紧靠着的沟,就像犁地一样,在每两条沟之间就有一条棱。随着气温的逐渐降低和雾气的慢慢来临,甲虫在这种棱上的凝结水珠就会比在周围平坦沙地上的凝结水珠多出 2~3 倍。这种沙漠的甲虫之所以适于生活在干旱地区,与它们翅膀的材质和结构息息相关。它们的翅膀上有一种特别亲水的纹理,纹理的凹槽呈现防水性。通过共同的合作,可以从湿润地区吹来的潮湿的风中吸取水蒸气。当翅膀上亲水区的水珠积累到一定量时,就会沿着弓形后背直接滚落入沙漠甲虫的口中。

图 2.1　纳米布沙漠甲虫(孙学军,2014)

　　纳米布沙漠甲虫能够稳定地获取饮用水有以下几点原因:首先要满足适于露水凝结的气象条件,即大气中要有充分的水汽;其次甲虫身体的生理特征适合水汽的凝结,甲虫体表凸凹不平,这增加了甲虫收集露水的表面积,此外,其材质呈现亲水和防水相间的组合方式,比起地表的其他覆盖物,甲虫的身体更适宜于夜间水汽的冷凝。科学家从纳米布沙漠甲虫在干旱区收集饮用水的方法中得到了启发,根据甲虫收集露水的原理制作了一个自动"蓄水水壶",这种水壶内部有吸水涂层和防水涂层。在"蓄水水壶"上蜡的集水面上安上一些很小的玻璃珠,用以模拟纳米布沙漠甲虫体表的凸凹小点,增大水汽冷凝的表面积,与普通平面玻璃的集水面相比,此表面集水量显著提升。从制作原理的角度来说,这种"蓄水水壶"是利用它独特的材料优势收集大气水汽的:当含有水汽的风吹过这种材料的表面时,它就可以有效地将空气中的水蒸气拦截下来,在温差的作用下将其凝结成水滴并储存在"蓄水水壶"内部,这就和纳米布沙漠甲虫收集并饮用雾中水汽的原理一致。

　　为了收集到更多的露水水源,还可以使用充电电池或太阳能电池为"蓄水水壶"提供能源,这样可以加速冷凝水的积累和过滤。试验表明,一般在大气相对湿度为 75% 的情况下,该自动"蓄水水壶"每小时的集水量可达 3L,足够一个人一天的需水量。这项技术将来不仅可以用于收集机场的露雾水,减少机场雾的持续时间和出现频次,还可以广泛用于多雾且干旱的地区,用来收集饮用水等。

韩国设计师 Kitae Pak 利用仿生学原理设计了晨露收集器(dew bank bottle),这种收集器的设计灵感同样来自于沙漠甲虫(见图 2.2)。晨露收集器的金属外表很容易捕获到大气中的水汽,这些水汽在其表面凝结成水珠后沿着收集器的内壁流入容器内。这个金属装置看上去像是一个龟壳,日出后把它放在沙漠的平地上,水蒸气会容易在金属外壳上凝结(类似于冬天玻璃窗上的水蒸气凝结),凝结的水蒸气沿着弯曲的收集器表面流入底部储水槽中,第二天收集的露水可以直接饮用。

图 2.2 晨露收集器(Sunny,2016)

这项发明一举赢得了 2010 年 Idea Design 的铜奖,由于其小巧的外形和高效的集水功能,被非洲沙漠地区的游牧民族广泛使用(见图 2.3)。这种碗状的露水收集器外部由金属构成,顶面光滑,侧面带有波浪纹,这种结构增大了其与大气的接触面积,金属的材质可以与大气间形成有效的温差,水汽极易在外壁上凝结,因此这种收集器能够轻易地"捕获"空气中的小水滴。收集器的外壁与存水罐之间有一道"Y"字形的凹槽,作用类似于漏斗,可以高效地过滤空气中的沙尘,确保出水的水质达到饮用的标准。如果将这款露水收集器倒放过来,还可以当成盆来使用,最大限度地利用了收集的露水,因此这款露水收集器被广泛应用于野外探险。而一些缺水地区的人民应用该收集器后,不仅改善了生活质量,而且减少了很多疾病的产生。

图 2.3　碗状露水收集器(Sunny,2016)

2. 蜘蛛

纳米布沙漠甲虫应用身体优势获取水源,蜘蛛的体表不具备直接集水的生理特征,而且蜘蛛的行动能力有限,但蜘蛛编制的网由于其形状和材质的特殊性,可以凝结很多露水以供蜘蛛及其他动物食用(见图 2.4)。基于蜘蛛网收集露水的原理,有人将粗、细铁丝编制成漏斗状的金属网(粗铁丝做经线,细铁丝做纬线),以期增大露水收集器的表面积。该金属网直径约 1m,下端的漏斗口处用木棍进行支撑,漏斗下面连接储存露水的容器。增加收集器的表面积可以提高露水的收集量,因此可以将金属网的内部插放网状或针状的铁丝,铁丝编制得越细密,露水凝结的量就越大,夜晚凝结的水汽会沿着漏斗口流入存储容器内。如果将该装置放在潮湿且背阴通风的地方,可以最大限度地增加露水量。因为上述设置是立体收集露水,露水收集量非常可观。据测量,使用该金属网露水收集器收集露水,每平方米草地一夜可收集露水量达 100～300g。

图 2.4　清晨的蜘蛛网上挂着满身露水的蜉蝣(新浪图片,2014)

模仿蜘蛛网的收集功效,墨西哥的一名学生发明了蜘蛛网状露水收集器(见图 2.5),该项发明获得了 Chaac Ha Water Collector 设计奖。此款蜘蛛网状收集器外观像一把倒置的雨伞,利用这款可折叠的便携式露水收集装置,每晚能够收集约 2.5L 的雨水或露水。发明者设计此款露水收集器的初衷是希望墨西哥缺水地区应用该收集器获得更充足且干净的水资源。材料的改进是这款露水收集器高效收集水汽的重要原因,发明者用高分子聚四氟乙烯替代传统收集器采用的金属材质,用高分子聚四氟乙烯制作的集水装置内膜吸水功能强大,再配合蜘蛛网状的结构设计,最大限度地增大了集水面积。能够折叠也是该收集器的一大亮点,因为这样可以在院内或野外随时收集雨水和露水。

图 2.5　蜘蛛网状露水收集器(Sunny,2016)

3. 植物叶片

露水在清晨主要凝结于地物表面,植物的叶片是水汽凝结的主要场所。设计师 Anurag Sarda 从挂着露水的叶子上得到启发,设计出一种名为"Leaf"的水资源收集系统。Leaf 收集系统就像它的名字一样,给人的第一印象就是别致,它硕大的绿色表面很引人注意。该系统中内置的调温器能够使其绿色表面的温度始终保持在露点温度以下,调温器由上方的太阳能面板供电,以便持续有水汽凝结并收集露水。当水顺着绿色的"叶子"流进主干时,里面的过滤装置将会对其进行过滤。这款收集器每天能够收集 15L 的露水。

2.1.2　大型露水收集器

小型露水收集器应用便捷,但其收集露水的量有限。空气中的水汽含量丰富,为了能够收集到更多的露水并将其转化为饮用水,目前一些科学家尝试研发一些大型的露水收集器,以便将大气中的水汽彻底资源化。

约瑟夫·科里和埃亚勒·马勒卡是以色列工程学院建筑与房屋规划系的两名研究生,他们发明了一种称为"水空气"(Wat Air)的露水收集器(见图 2.6),这种收集器用板材拼凑而成,其外形像倒立的金字塔。倒金字塔造型的表面面积为 $96m^2$,可以从空气中收集露水,然后把露水转化成干净的饮用水,非常适合在交通不便的偏远地区和缺水的地方使用。它最大的优点是可以在任何天气条件下收集露水,只要空气中有充足的水分,大气与收集器间有温差存在,都可以将水汽捕捉冷凝,并将其有效地转化为淡水。据悉,这项发明的灵感源于大型植物的叶片对水汽的捕捉,一套表面积为 $29.26m^2$ 的设备 24h 内可从空气中拦截、冷凝并提取至少 48L 的淡水资源。试想,如果有足够数量的采集器,在干旱或水资源被严重污染的地区获得淡水资源就不再是遥不可及的梦想。科里和马勒卡表示,Wat Air 下端出口面积小,在市郊或者城市都很容易安装。Wat Air 利用竖式斜构件的重力增大了空气与收集器的接触面积,而且该板材材质柔软,可以折叠收藏。下雨的时候还可以接纳雨水,晴天可以遮蔽阳光。

德国弗劳恩霍夫研究院的科研人员和 Logos 创新公司的合作者,研发了一种可以将空气中蕴含的水汽自动转化为饮用水的方法。他们首先配置一种含盐分的溶液,这种溶液可以吸收水汽,然后将这种溶液倒入一个吸收塔内,这个塔式装置可以吸收大气中的水分,并将水分存储在距离地面数米高的存储器内。在太阳能或其他热能的加热状态下,吸收的水分浓度不断降低,最后可将盐浓度几乎为

图 2.6　Wat Air 露水收集器(Sunny,2016)

零的水汽在冷凝管道中进行收集。整个装置还可以将热空气转到地下,经过降温后进入室内。

全球气温升高直接造成了气候异常,洪水泛滥或异常干旱和缺水的恶性事件出现次数明显增多,土地荒漠化已经严重威胁亚洲和非洲等地的正常生活。罗伯特·费里是一名美国的设计师,一直致力于荒漠地区房屋建筑结构的研究。他认为人们往往低估了沙漠空气中含有的水分,如果能够将大气中的水分充分利用起来,人类生活在荒漠里也同样可以舒适且安逸。他设计了一座297m²的复式房屋,非常适合一家五口人共同居住,这座房屋设计的巧妙之处就在于它可以自动从干旱的环境中吸收大气水分。设计师在他设计的房屋外加装了两架水汽收集器,该装置可以有效地将空气中的水汽转为液态水。当大气中的水汽进入金属冷凝管后,会经过压缩转为液态水,之后通过过滤装置达到日常使用水质的标准,最后自动流入储水箱内。两架水汽收集器每天收集到的洁净水足够一家五口人的日常生活,包括洗澡、做饭、饮用等。更奇妙的是,这座房屋独特的结构有避暑的功效,在沙漠炎热的季节或白昼中给居住者带来清爽的感觉,这也是因为设计者巧妙地利用了沙漠地区的温差。首先设计者在房屋的地下设置了恒温室,常年保持10~15℃的温度。在沙漠最炎热的时候,在房屋外部的风扇会将大量的热空气吹入恒温室,热空气在恒温室内降温后,又通过房屋内的管道直接吹到室内,这样在不用空调和任何电力设施的情况下,也可以有凉风吹到房屋内。此外,在房屋的屋顶,设计师铺设了24个太阳能电池板,电池板会根据太阳的位置自动调整方向,通过和房屋外部风车的联合运转,为整座建筑提供电力能源。

2.2　露水收集器的设计

通过目前主流的露水收集器的介绍可知,收集器的外观结构和制作材质决定了夜晚凝结水汽的多少,本节以一种收集沼泽湿地露水的收集器为例,详细介绍露水收集器的设计过程。

设计之初要充分对现有的收集器类型和种类进行了解,掌握其优势和不足,在此基础上可提出自己的设计思路。露水收集器的设计原理不必拘泥于仿生学,开阔设计思路,只要能够有效收集露水,都可以进行大胆的尝试。确定了思路之后可以尝试用立体图的形式形象地将收集器进行展示,选择有利于冷凝的材质,并给各个组成部分命名,给出具体的尺寸,详细描述各个组分间的连接关系,这有助于之后的样机加工。最后,要阐明收集器的工作方式。在收集器样机制作成功后,对该收集器的效果进行评估,给出具体的量化指标。以下为具体设计过程。

首先要明确拟设计的露水收集器的适用范围,如适用于沙漠生态系统或草原生态系统等,因为各个生态系统的下垫面差异很大,应该有的放矢地针对该生态系统的下垫面特点选择收集器的材质。其次必须充分了解目前已有露水收集器的种类和使用方法,避免重复的设计思路。在总结已有收集器优缺点的基础上,提出预发明露水收集器的设计思路、目的和主要优势。

下面设计一种在沼泽湿地中收集露水的收集器。现有国内外收集露水的装置主要分为两类。一类是适用于测量沙漠系统露水量的微型测渗计,一般为圆筒状,筒体分为若干层,内装沙土,通过增重可观察不同深度的凝结水量,上下底面可选择密封或以筛网封底。试验要求筒体内土质要与所测地点相同,每次更换土壤使操作复杂,还要配备电子天平称量露水增重量,且不能收集露水,只能定量称重,功能单一。另一类是适用于森林生态系统的露水收集筒,一般是将带网眼的薄板制作成两端开口的圆筒,置于林木冠层处,其下端用漏斗承接。收集到的露水用塑料管导入其他容器,用电子天平称重。该收集筒凝结面积小且不能将露水有效地导入收集装置,没有充分利用凝结面积。这两种装置都需要配备电子天平以辅助,不能同时测量露水量并收集露水。目前尚无用于沼泽湿地的露水收集装置。设计该款适用于沼泽湿地的露水收集器的目的,是针对上述现有装置的缺陷,提供一种能大量收集露水、保证露水水质、直观观测露水量、操作简单易行的沼泽湿地露水收集装置。拟设计露水收集器与现有技术相比,增加了露水的凝结量并有效地进行了露水收集;同时要有效防止其他杂物对露水收集的过程干扰及露水水质的污染,能现场大致对露水收集量进行计量并对露水水质进行分析。

露水收集器的基本原理一般为,在一定湿度条件下,当温度降到露点温度以下时,水汽便会在物体表面生成露水,收集露水的量与收集器装置的结构和材质紧密相关。要确保收集器有足够大的冷凝面积,并非结构越复杂越好,因为露水收集器收集水汽之后还要及时进行清洗,复杂的结构会给清洗过程带来不必要的麻烦,而使用长期不清洗的露水收集器的露水水质会达不到预期的标准。确定了收集器的具体外观和结构后,要用简单明了的语言对其工作原理、各部分名称、尺寸和连接方式进行详细描述,必要时可以用图片进行说明。

例如,拟设计的这种沼泽湿地露水收集装置,包括凝结器、过滤器和承接器。利用多层凝结器的内外表面积进行露水凝结,扩大露水冷凝面积,增加露水收集量;利用过滤器排出小型昆虫及植物落叶等其他杂物对露水收集过程的干扰,保证露水水质不受污染;利用带有刻度的承接器收集并粗略估算露水水量。露水凝结器及凝结罩有效露水冷凝面积一定,这样既可估算待测环境中露水的单位面积凝结量,也有足够的水量对露水进行水质测定。

该露水收集器整体可由 2～4mm 厚的有机玻璃制成。顶层冷凝器与底层冷凝器的顶端边长为 500～600mm,每个侧面与水平面夹角为 30°～40°,凝结罩上口直径为 200～300mm,侧面与水平面夹角为 30°～40°,滴落管内径为 50～60mm,上下层露水收集盘外径为 80～100mm,过滤器有效直径为 50～60mm,收集盘及过滤器下段连接头上开孔直径均为 2～4mm,承接器体积为 500mL。

下面结合附图和实例对该露水收集器进行进一步说明。

图 2.7(a)是该收集器的构成示意图的俯视图;图 2.7(b)是该收集器的构成示意图的正视图;图 2.7(c)是图 2.7(a)的 I—I 剖面图;图 2.7(d)是图 2.7(b)的 II—II 剖面图;图 2.7(e)是图 2.7(b)的 III—III 剖面图;图 2.7(f)是图 2.7(b)的 IV—IV 剖面图;图 2.7(g)是图 2.7(c)中 A 处的局部放大图;图 2.7(h)是该收集器的工作原理图。

该沼泽湿地露水收集器由凝结器、过滤器和承接器组成。凝结器包括滴落管、顶层凝结器 1、底层凝结器及凝结罩 4。

滴落管包括内滴落管 3 和外滴落管,内滴落管 3 呈中空圆管状,从顶层凝结器 1 下端始至上层露水收集盘止,顶层凝结器 1 内侧凝集的露水进入内滴落管 3。外滴落管由露水导向管 5 和过滤器上段连接头 6 组成,露水导向管 5 呈倒圆锥状圆管,上部与凝结罩 4 下端外侧连接,下部和过滤器上段连接头 6 上部连接。过滤器上段连接头是一根内螺纹圆管 12,内设密封胶圈槽,与过滤器通过螺纹与圆管 12 连接。各层凝结器及凝结罩 4 通过中空圆柱形滴落管连接,且上口边缘皆被 45° 切削,以防止露水在棱板上端凝结驻留;顶层凝结器 1 呈倒四棱锥状,利用其表面积及坡度进行露水的凝结和收集,顶层凝结器 1 底端直接与内滴落管 3 连接,连接处接口平滑,防止露珠挂靠驻留。

底层冷凝器包括底层凝结盘 2 和上层露水收集盘 14,上部为底层凝结盘 2,形状及大小与顶层凝结器 1 相同。底层凝结盘 2 上端棱边与顶层凝结器 1 和内滴落管 3 相接处高度持平,以保证底层凝结器与外界环境的趋同性,底层凝结盘 2 下端内侧与环形圆板形状的上层露水收集盘 15 外侧平滑连接,上层露水收集盘 15 内侧与内滴落管 3 连接,露水收集盘密布小孔,用来收集顶层凝结器 1 外表面和底层凝结盘 2 内表面凝结的露水,并沿滴落管外壁进入凝结罩 4。

凝结罩 4 由凝结盘及下层露水收集盘组成。凝结盘 4 上端高度与底层凝结盘下端持平,凝结盘下端内侧与环形圆板形状的下层露水收集盘外侧平滑连接,外侧与外滴落管连接,下层露水收集盘 17 内侧与内滴落管 3 底端连接,以便将顶层凝结器 1 外表面、底层凝结盘 2 内外表面、凝结罩 4 内表面冷凝露水收集并汇入外滴落管中,凝结盘 4 下端外侧与外滴落管连接。

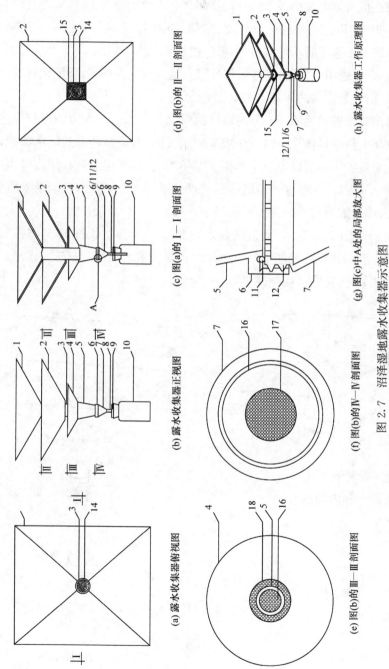

(a) 露水收集器俯视图

(b) 露水收集器正视图

(c) 图(a)的 I—I 剖面图

(d) 图(b)的 II—II 剖面图

(e) 图(b)的 III—III 剖面图

(f) 图(b)的 IV—IV 剖面图

(g) 图(c)中A处的局部放大图

(h) 露水收集器工作原理图

图 2.7　沼泽湿地露水收集器示意图

1. 顶层凝结器；2. 底层碳结盘；3. 内滴落管；4. 凝结罩；5. 露水导向管；6. 过滤室；7. 过滤器上段连接头；8. 过滤器导管；9. 胶塞；10. 承接器；
11. 胶圈；12. 带有螺纹的圆管；13. 圆板；14. 上层露水收集盘；15. 螺纹；16. 小孔；17. 下层露水收集盘；18. 胶圈槽

过滤器由密封胶圈 11、过滤器下段连接头、过滤室 7 与过滤器导管 8 组成。过滤器下段连接头为上端圆板 13 封口、外部带有螺纹的圆管 12 构成,封口的上部圆板密布小孔 16,以便承接滤纸及导流过滤后的露水,下端与过滤室 7 连接。过滤后的露水进入倒圆锥管状过滤室 7 并经过滤器导管 8 流出。

承接器 10 为透明广口瓶,与过滤器导管 8 通过胶塞 9 连接,外壁刻有刻度,标明承接器 10 所收集露水的体积。

发明露水收集器的最后一步要对设计的露水收集器的工作原理进行描述,这样有利于收集人员在具体操作过程中规范应用。例如,该沼泽湿地露水收集器在露水形成的时段将本装置以土坑或其他支撑物为支持,平稳放置在待测地点。当温度降到露点温度以下时,在各层凝结器及凝结罩上产生的露水经滴落管收集并流入过滤器,经过滤器过滤后进入承接器中备用。

图 2.8(a)和图 2.8(b)分别为该露水收集器的立体剖面图和实物模拟图。图 2.9 为该专利的样机在三江平原沼泽湿地收集露水的照片。有研究显示,该装置露水收集效果好,每晚可收集露水 20~50mL。

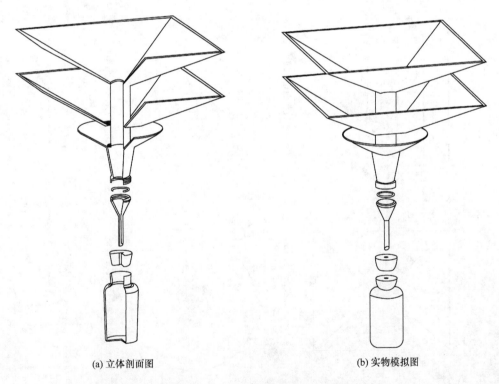

(a) 立体剖面图　　　　　　　　　　(b) 实物模拟图

图 2.8　沼泽湿地露水收集器立体剖面图及实物模拟图

图 2.9　沼泽湿地露水收集器样机

2.3　野外收集露水

野外探险或露营集训成为现代人向往的生活风尚,但如果没有充足的饮用水,野外生存就会面临很大的风险,在野外获取到足量的饮用水是室外生存必不可少的技能之一。野外生存获取饮用水的方法多种多样,如取食含水量充足的植物叶片或者找寻溪流水等,在没有植物、河流,或在河湖水源被污染、断流的情况下,最简单、易行且安全、可靠的方法就是收集露水。露水作为近地表大气水的冷凝物,被越来越多野外训练士兵和户外运动爱好者视为饮用水源的首选。本节介绍几种在野外军事训练或探险露营中收集露水的方法。

《英国特种空勤团及精锐特种部队生存指南:野外生存技能》(克里斯·麦克纳布,2015)指出,露水收集器是必不可少的装备之一。在野外战斗准备阶段,备战部队在出发之前会从部队的饮水机装满一大壶水随身携带,但由于作战距离远,水壶中的水远不够战士连续作战的消耗量,部队会安排送水车及时送水到各位官兵手中,这给部队的后勤补给增加了很重的负担。今非昔比,战场自行获取饮用水已经成为现代野外军事训练的重要内容之一。现在的野外训练不再配备送水车,也没有饮水机,每个士兵手中都有一个由部队和地方企业共同研发的露水收集器,这样士兵可以自行在野外战场上找水喝。即便是在条件艰苦的荒郊野外,送水车无法到达的地方,士兵也可以通过这种露水收集器满足一天的饮水需求。所以,在野外找水喝既是生存能力,也是打仗技能。

目前,露水收集器已经成为我国军事训练中的必备装置。在广州军区某团野外驻训地一场对抗演练战场,一名战士将露水收集器从身边的树枝上取下,收集器上配有出水阀门,打开阀门便可将整夜凝结在水壶中的露水倒出,一般在夜里收集的露水可达半壶有余(见图 2.10)。由于露水收集器结构简单实用且易于携带,该团官兵每人均配有一个露水收集器。该收集器的上端是一个单面开口的大塑料袋,袋子下方连接一个筒状容器可存储由塑料袋凝结并流下的露水,在最下方的出水口安装有过滤器,过滤器可以有效过滤掉大颗粒的杂质或树叶等。傍晚将露水收集器挂在树枝上,使塑料袋与下端的收集容器形成一定的角度,夜晚收集的露水便可持续沿着容器内侧流下。当然想要获得最大量的饮用水,露水收集器的摆放位置也有技巧,例如,可以在夜晚将露水收集器套在背阴处且枝叶茂密的地方,这样收集到的露水水量最大。现在露水已经成为野外士兵饮用水的最佳选择。

图 2.10　野外驻训官兵利用露水收集器取水(凤凰网,2013)

　　在没有露水收集器的情况下,可以选择在天气凉爽的早晨,在树下铺设塑料布,通过摇动树枝或树叶的方式抖落叶片上的露水,因为野外空气质量好,露水是绝对安全的纯净水。一般野外探险者身边都会携带一个塑料袋,在傍晚时分将塑料袋套在树枝上,用绳子把袋口锁紧,次日清晨可以直接取下塑料袋饮用里面的露水。因为露水会优先凝结在玻璃、金属、鹅卵石等光滑的表面上,到清晨时分,也可以用布擦拭金属或鹅卵石等表面凝结的露水,然后拧干布块,得到饮用水。

　　野外工作者因为工作地点较为偏远,会选择获取土壤中的水分作为饮用水,获取的原理与凝结大气中的水汽相似,土壤水也是露水的主要水汽来源之一,但土壤中的水分获取方式鲜为人知。实际上,即便是在干旱缺水的地区,土壤中也蕴含有许多水分,特别是当地的地下水有苦咸的味道时,说明当地的土壤含水量往往比较高。很多野外探险家在白天通过观测地形地貌,在向阳且潮湿的土地上挖一个漏斗状的坑,其深度和直径可以通过当地的土质和土壤的含水量确定,一般为半米深左右。将一个盛水容器放在土坑底部,然后在土坑的上面覆盖一层塑料布,固定好塑料布的四周,将一枚小石子或者硬币放在塑料布的中央,塑料布会在重力的作用下呈现漏斗状。这样土坑的底部和塑料布的中间便有一定的空间可以形成温差。白天在阳光的照射下,土坑中的水分不断蒸发,水汽上升遇到温度较低的塑料布便凝结成小水珠,当水珠累积到一定程度时,便会滴落到土坑中的盛水容器里,因为土壤中的水水质较好,所以盛水容器中的水可以直接作为饮用水(见图 2.11)。这种简易的露水收集装置的集水作用非常强,足够一个人一天的消耗量。该装置的露水收集量与土坑深度、直径、土壤含水量、日照时长、温差等因素均有关。一般地,尺寸越大、土壤含水量越高、日照越强烈,收集到的露水量越可观。该方法成本低,可以普遍推广。

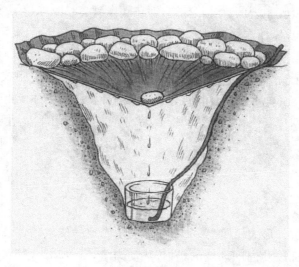

图 2.11　获取沙漠土壤中露水的示意图(星野望,2014)

第 3 章　露水的监测方法

露水是自然界重要的水分输入项,也是可被人类利用的淡水资源,越来越多的地区已经开始将收集的露水作为生活用水的来源。为了收集更多的夜间冷凝水,人们根据当地下垫面的特征,改良了在不同生态系统中露水监测器的材质,促使夜间有更多水汽凝结于近地表。但是,准确地监测露水真实的凝结量非常必要,既可以比较不同季节、不同系统露水凝结的差异,也是评估露水生态意义的基础。本章介绍目前对露水监测的两种主要方法,即监测器直接监测法和间接模型法。监测器直接监测法是通过差减法,即在露水凝结时段原位记录监测器的重量差,通过重量差反映露水情况,该方法得到的露水量非常接近真实值,是目前公认的最为准确的监测法。间接模型法多为以影响露水凝结的气象因素(相对湿度、风速、净辐射、云量等)作为变量,拟合气象因子与露水量的关系式,通过气象因子的数值模拟计算局地的露水量。该方法能节省监测人力成本,如果通过直接监测法验证可以达到预测值和实测值拟合效果较好的预期,可直接用于监测不同地区的露水量。

3.1　直接监测法

与其他湿沉降形式相比,露水不仅取决于当地的气象条件,而且取决于大气地表的物理特征以及周围环境的辐射、热动力学、空气动力学特征。这增加了露水观测的难度,至今国内外也没有规范统一的标准方法来测量和观测露水。露水的形成过程和特点决定了不同下垫面露水监测器的多样复杂性,露水监测器材质不同,其吸放热性质改变对露水量会造成一定影响,因此各地区根据当地气候条件及露水凝结特征的差异,使用露水监测器的类型区别较大。尽管目前世界各地区在露水监测过程中采用的监测器差异较大,但通过露水监测器早晚的重量差换算为露水量的方法应用非常普遍。本节就目前研究露水资源使用较为广泛的几种监测器类型和监测方法加以介绍。露水监测器制作从易至难分别为布片监测器、杨木棒监测器、雾露监测筒、微型测渗仪、露水收集板和智能化土壤水分快速测试仪。通过科研工作者多年的监测研究,发现这几种监测器均能较好地监测水汽在不同生态系统中的凝结情况。

3.1.1 布片监测器

叶有华等(2009)在研究广州市区露水时用布片监测器测定城市生态系统的露水量:将 100cm×100cm×0.15cm(长×宽×高)的矩形天鹅绒布粘贴在 100cm×100cm×0.05cm(长×宽×高)的聚乙烯胶片上,然后把粘贴布料的聚乙烯片粘贴在 100cm×100cm×0.5cm(长×宽×高)的夹板顶部,最后将组合夹板固定在高度为 15cm 的木架上进行露水监测(装置的背面不计入收集面积)。

具体的露水监测方法为:每天日落前 30min 将已经烘干并称好重量的天鹅绒布片固定在露水监测装置的相应位置,第二天日出前 30min 将天鹅绒布料取下,快速放入烘干且已经称重的干净的聚乙烯瓶中,盖紧瓶盖,带回实验室用电子天平(±0.1g)称重,然后烘干以备下次使用。布片收回后的重量与收集前的重量之差即当天的露水量。

3.1.2 杨木棒监测器

阎百兴和邓伟(2004)在测定三江平原湿地和农田露水量时采用杨木棒做露水监测器。试验用杨木棒为杨木板刨制成的 18cm×3.5cm×3.5cm(长×宽×高)的规则木块(见图 3.1),其表面经过刨光,目的是准确计算其表面积。每个观测架

图 3.1 杨木棒露水监测器

设有三个高度,水面上约5cm(底层)、冠层和冠层上50cm(顶层)的观测臂,试验时将监测器平放在观测臂上。于日落后30min将准确称量的监测器分别放置在不同高度的观测臂上,每个高度重复三次;在日出前30min将监测器取下,小心放入可密封的洁净塑料盒,迅速送回三江站实验室称量(±0.001g)。若监测器有增重,则说明夜间发生了露水凝结,增加的重量即当天的露水量;若没有增重,则说明夜间没有发生露水凝结,记为无露日。若在日落后至日出前发生了降水过程,则按无露日处理。

目前在沼泽湿地及农田生态系统应用的杨木棒监测器正是根据露水多凝结于植物/作物上的特点,采用的监测器材质近似模拟真实情况,且便于携带,易于称量,其规则的表面积也为准确计算露水量提供了保障。因此,该监测器可作为沼泽湿地或农田生态系统露水收集的标准监测器。

3.1.3　雾露监测筒

刘文杰等(2001)在西双版纳热带雨林地区,用塑料薄板(板上每平方厘米40个网眼)制作成两端开口的圆筒,架置于相应高度处,其下端用口径10cm的漏斗承接,安置同一林冠层的雾露监测筒收集的雾露水用塑料管倒入同一容器,用电子天平(±0.1g)每小时测定一次该容器的质量,将该质量换算为每小时该林层的露水凝结量。西双版纳地区丛林茂密,露水资源非常丰富,因此监测器称量的频率(每小时一次)远高于其他生态系统。此外,雨林生态系统的露水监测器不仅有测量露水凝结量的功能,还有露水采集的作用。

3.1.4　微型测渗计

由于沙漠生态系统的水汽凝结情况特殊,夜间凝结水汽的来源不仅有大气的水汽,还有在地下不同深度的土壤水,水汽的凝结不局限于地表,还有地下部分。沙漠生态系统应用较广泛的是微型测渗计。在测量过程中,测渗计大多是自制的,根据当地沙质的特点,采用制作测渗计的材质不同,目前应用较为广泛的制作材料包括有机玻璃、铝、聚氯乙烯(PVC)、铅等,微型测渗计的外观一般为直径4~12cm的圆筒。

在使用过程中为了观察不同深度的露水量,可分为1cm一层,层底以200~240目尼龙筛网封底,每层以丝扣连接,并能方便迅速拆卸。当只观测大气水汽凝结的露水时,测渗计底部是密封的;当只观测土壤孔隙中水汽凝结的露水时,测渗计顶部是密封的,但下底要使用网底,网底要求能透过水汽,但不能渗漏土壤颗粒。同时观测大气凝结水和孔隙水汽凝结水时,上下都不封口,下底使用网底。

试验将微型测渗计放入相同质地的土壤中,并使微型测渗计口与土壤表面平齐,微型测渗计要配备感量为 0.001g 的电子天平来称重。每隔一段时间测定一次微型测渗计的质量,质量增量作为凝结量,质量减量作为蒸发量。露水主要发生的时段,加大观测密度(郭占荣和刘建辉,2005)。

3.1.5　露水收集板

在法国近海地区收集露水做饮用水时,采用 10m×3m 的样板模型,收集板表面是用 TiO_2 和镶嵌于聚乙烯的滴状 $BaSO_4$ 制成的长方形金属薄片,厚度为 3cm。收集板与地面呈 30°(见图 3.2),夜晚冷凝的露水沿排水沟流入冷凝器下方的露水收集槽,每日早 8:00 称量收集槽内露水体积,并根据收集板表面积将露水体积换算为单位面积的露水量(Muselli et al.,2002)。该收集板以露水资源化为目的,结合近海地区空气中水汽充足的特点,使用金属板作为收集器,加快了水汽冷凝的过程,但不能反映真实的露水量。

图 3.2　岛屿收集露水的装置

3.1.6　智能化土壤水分快速测试仪

智能化土壤水分快速测试仪和微型测渗计均适用于沙漠生态系统,但前者应用没有后者广泛,曾在我国西北干旱地区沙丘凝结水的测定中使用。其优点在于使用过程简单,仪器标准化,可以比较不同地区的凝结水量。但智能化土壤水分快速测试仪的测定原理是通过测定土壤中的含水量变化,结合不同深度的温度,反演水汽的凝结情况,是一种理论计算,与真实的凝结情况有差异。

使用过程中将 TSCⅡ 智能化土壤水分快速测试仪分埋于不同深度处(间距

100cm),约为最大凝结量处及地表下10cm处,并与之相应深度处分埋两只数字温度计(见图3.3)。在地表配有相对湿度计和测地温的温度计。2h观测一次智能化土壤水分快速测试仪读数。凝结高峰期加密观察,1h观测一次。根据不同深度含水量和温度的变化,反演出凝结水的数值。

图3.3　智能化土壤水分快速测试仪

以上六种露水监测器适用于城市生态系统、湿地或农田生态系统、热带雨林生态系统、沙漠生态系统和岛屿生态系统。不同生态系统独特的下垫面决定了露水监测器的外观和材质的差异巨大,因此在比较不同生态系统露水的凝结量时,要考虑到不同的露水监测器会产生不同的测量值,结果的可比性较差。随着人们对露水资源的不断开发,监测器的类型和功能也逐渐增加,由之前的简单装置发展为成型的产品,由仅能监测凝结量到收集露水以供资源化,露水监测器的发展前景非常广阔。

3.2　间接模型法

目前各地对露水量的测量多为监测器直接监测法计算露水量,此方法对露水量的计算较为准确,但对监测器收集时间要求较高,耗费人力,在收集或称量收集器时易造成一定的人为误差。因此,露水量间接模型法取得了一定进展。本节依据露水量模型创建的时间顺序,介绍三种较为成熟且应用广泛的模型。

预测露水量的模型最早出现在沙漠生态系统,该模型以露水的形成机理为基础,以地表为能量的交换界面,通过近地表大气和土壤间水汽的相变过程和能量转化规律,推算出水汽凝结量。张建山(1995)推求出凝结水量的理论公式为

$$W = Hn(S_0 - S_{10}) + \int_{T_1}^{T_2} \left(-D \frac{\mathrm{d}p}{\mathrm{d}x}\right) \mathrm{d}T \tag{3.1}$$

式中,W 为凝结水量,g/(m² · d);H 为非饱和带厚度,m;n 为土壤孔隙率;S_0 为土壤空隙最大绝对湿度,g/m³;S_{10} 为土壤孔隙最低温度时的饱和湿度,g/m³;D 为扩散系数;$\dfrac{\mathrm{d}p}{\mathrm{d}x}$ 为水蒸气密度梯度;T 为时间。

该模型可广泛应用于沙漠生态系统的凝结水量计算。经验证,该模型的计算结果与该地区实测值较为接近。该模型的优点是从水分凝结的基本机理进行推演,可以较为准确地监测干旱地区的夜间水分输入项。但模型的结构复杂,不同土质的参数和常数均不易获取,如土壤孔隙率和扩散系数等需要监测和计算,且同一地区的土质分布不均一,导致土壤空隙最大绝对湿度等参数在模型模拟中引入一定的误差,因此该模型的使用率较低,没有得到大范围的推广。

针对模型中参数复杂的问题,Luo 和 Goudriaan(2000a)根据水稻露水量的气象影响因素推导出其线性计算公式:

$$Y = aR_{\mathrm{nt}} + bD_{\mathrm{min}} + cu_{\mathrm{night}} \tag{3.2}$$

式中,Y 为露水量,mm;R_{nt} 为夜间净辐射,MJ/m²;D_{min} 为夜间水汽压亏损,kPa;u_{night} 为夜间平均风速,m/s;a、b、c 为校正系数。

此模型应用范围较广,原则上可以在各个生态系统中应用。模型的优势在于形式简单,需要监测的参数少,仅需监测夜间净辐射、水汽压亏损和平均风速即可推算水汽凝结情况。经验证,该模型的预测露水量与实测露水量拟合效果较好。但是,模型建立时基于各个气象因子与水汽凝结的相关性理论,因此模型的校正系数(a、b、c)或自变量的类型会随着不同地区或季节的差异发生变化。例如,在水田研究区模型的自变量为夜间净辐射、水汽压亏损和平均风速,在城市生态系统中,露水的凝结量与夜间水汽压亏损相关性不大,模型的自变量变为夜间风速、相对湿度和净辐射(徐莹莹等,2017)。

上述两种模型计算的均为模拟露水凝结的真实情况。在某些以露水作为饮用水或生活用水资源的地区,尽可能多地捕获露水是最终目的,因此露水的收集量多少是评价模型的重要指标之一。聚乙烯金属板收集露水不会影响露水的水质,而且捕获量较大,是目前公认的最佳的露水收集材质。Gandhidasan 和 Abual-hamayel(2005)从能量交换的角度推导出聚乙烯金属板露水凝结速率计算公式:

$$q_{\mathrm{c}} + q_{\mathrm{m}} + q_{\mathrm{cond}} - q_{\mathrm{r}} = 0 \tag{3.3}$$

$$q_{\mathrm{c}} = h_{\mathrm{c}}(T_{\infty} - T_{\mathrm{f}}) \tag{3.4}$$

$$q_{\mathrm{r}} = \varepsilon_{\mathrm{f}} \sigma (T_{\mathrm{f}}^4 - T_{\mathrm{sky}}^4)(1 - CC) \tag{3.5}$$

$$q_{m} = \beta(P_{\infty} - P_{f})h_{fg} \qquad\qquad (3.6)$$

$$q_{cond} = \frac{k_{i}}{x_{i}}(T_{\infty} - T_{f}) \qquad\qquad (3.7)$$

$$m = \frac{q_{m}}{h_{fg}} \times 3600 \qquad\qquad (3.8)$$

式中,q_{c} 为对流热,W/m^2;q_{m} 为凝结热,W/m^2;q_{cond} 为交换热,W/m^2;q_{r} 为辐射热,W/m^2;h_{c} 为对流热交换效率,$W/(m^2 \cdot {}^\circ\!C)$;$T_{\infty}$ 为气温,$^\circ\!C$;T_{f} 为金属板温度,$^\circ\!C$;ε_{f} 为金属板热导率;σ 为 Stefan-Boltzmann 常数;T_{sky} 为天空温度,$^\circ\!C$;CC 为云量,无量纲;β 为金属板与空气间水汽驱动力,$g/(s \cdot mmHg \cdot m^2)$(1mmHg = 0.133kPa);$P_{\infty}$ 为空气水汽压,mmHg;P_{f} 为辐射水汽压,mmHg;h_{fg} 为水汽凝结潜热,J/g;k_{i} 为绝热导率,$W/(m^2 \cdot {}^\circ\!C)$;$x_{i}$ 为金属板厚度,m;m 为水汽凝结速率,g/hm^2。

此模型最突出的优点是根据聚乙烯金属板的吸放热特征结合气象要素由能量守恒公式推导而来,能准确真实地反映露水凝结的情况。不足的是,该模型仅适用于金属板类的露水收集器,而在绝大多数生态系统中,露水监测并不以收集量大为目的,而是要客观反映水汽凝结状况。因此,该模型适用的范围较小。另外,该模型对气象要素的观测要求较高,如模型中的云量(CC),仅在气象监测部门有监测数据,一般的气象观测站不能独立监测,这在很大程度上限制了该模型的应用。

从上述预测露水量间接模型法中可以看出,不同地区的露水量主要受当地气象因子、生长植物/作物品种等因素影响,导致各个生态系统露水模型形式差别较大。模型根本上是对以往规律的总结,是一种数理统计意义上的回归,客观来看,模型是相对准确的。但模型的构建可以回顾以前并预测未来水汽凝结的发展趋势,有其存在的意义和必要性。在下述章节中,会详细介绍露水量预测模型构建的过程和方法。

第4章 湿地生态系统露水研究

国内外对露水的监测工作多集中在干旱半干旱等缺水地区,但是在湿地、农田以及城市等生态系统中,对露水的凝结量及其在物质循环过程的意义,有待进一步提高认识。露水是重要的水分输入项和湿沉降组成部分,探究露水形成的频次、凝结的强度及年沉降量等对揭示地表物质和能量的循环过程有重要的现实意义。

作者对湿地生态系统露水的监测工作于2003～2009年在三江平原每年的无霜期(5月初至10月中旬)开展。本章主要介绍对湿地生态系统中露水凝结的研究,从露水研究方法的确定、典型植被露水量、露水水质、气候变化对湿地露水影响等方面展开,其中,4.1节介绍研究区的自然环境;4.2节介绍湿地生态系统露水监测方法的确定过程:首先筛选出适合湿地生态系统的露水监测器(2003年),在监测器确定的基础上,进行了研究区露水凝结时间节点的探查(2009年),最后确定湿地露水监测方法;4.3节应用2008年和2009年的监测数据分析平水年和丰水年露水强度和凝结量的变化规律,探讨毛苔草(沼泽湿地代表植物)和小叶章(湿草甸湿地代表植物)垂直高度上的露水强度差异;4.4节应用2005年、2008年和2009年毛苔草露水强度数据和同期气象因子的相关性,识别影响湿地生态系统露水强度的因子,并在此基础上拟合预测湿地露水强度的相关模型,应用近年气象数据,阐明研究区气候变化对湿地露水凝结强弱的影响;4.5节通过2008年和2009年湿地典型植物上露水的采集和分析测试,总结湿地露水的化学特征,并对露水中的化学组分进行源解析。

4.1 研究区概况

本节介绍研究区的地理位置、气候特征以及地表覆盖的主要土壤和植被类型。研究区位于我国三江平原洪河自然保护区。三江平原在20世纪60年代是我国沼泽分布最集中且最广泛的地区,处于黑龙江东部地势最低的地区。“三江”是指乌苏里江、松花江和黑龙江,三江平原就是由这三条江冲积而成的平原,其地势平整,海拔35～70m。三江平原曾是著名的“北大荒”,近些年许多沼泽地区已被人为开垦为耕地,但仍有些湿地未被垦殖,保持着原有的形态和地貌。三江平原地区以沼泽湿地为主,植物类型多样,是我国北方沼泽湿地的典型代表。总体来看,三江平原受太阳辐射变化和季风影响,四季寒暑干湿变化显著,冬干冷、夏湿热,雨热同季半年冻,气候湿润半湿润。气候特点适合夜间水汽的凝结。

4.1.1　地理位置与范围

三江平原位于中国的东北隅,该区西起小兴安岭,东至乌苏里江,北起黑龙江,南抵兴凯湖,地理坐标为 $43°49'55''\sim48°27'40''$ N, $129°11'20''\sim135°05'26''$ E,是我国最东部的区域。三江平原南北全长 520km,东西宽为 430km,总面积为 10.89×10^4 km^2,占黑龙江省土地面积的 22.8%。三江平原也是我国沼泽分布最集中、最广泛的地区,已建立了多个保护区,其中洪河、兴凯湖和三江自然保护区已经列入"国际重要湿地名录"(见图 4.1)。

图 4.1　三江平原地貌特征

4.1.2　气象气候特征

三江平原属于温带湿润、半湿润的大陆性季风气候,离鄂霍次克海域较近,受海洋气候影响,冬季在极地大陆性气团控制之下,夏季受副热带海洋气团的影响,因此温度年均差比同纬度内地小,具有海洋气候的特点,四季变化显著,冰冻期长,降水集中。三江平原年平均气温 2.2℃,无霜期为 115~130d,历年平均日照总量为 2304.3h;多年平均降水量为 603.8mm,降雨量年内分配不均,主要集中在 6~9 月。三江平原地区 6~9 月降水量占全年降水量的 71.40%,降水的年内分布不均,直接造成径流年内分配不均,6~9 月径流量占年径流量的 70.6%,而 11 月至次年 3 月降水量少,同期径流量不足年径流量的 5%(2015 年)。三江平原 2015 年全年平均蒸发量为 1257.1mm,是历年平均降雨量的两倍多,主要集中在 5 月和 6 月。冰冻期 210d 左右,积雪期 120d 左右,土壤最大冻深 212cm(1969 年)。低洼地沼泽区因受水分影响,冻土层在 100cm 左右,但冰冻迟,解冻晚,一般在 5~6 月才能解冻,岛状林湿地解冻早,而沼泽湿地解冻较晚,如漂筏苔草在 8 月 20 日仍有 5～10cm 的冻层。保护区处于西风带,风向的季节性变化显著,年平均风速 3.6m/s。全年 6 级风以上的日数达 40～50d,多出现于春秋两季,最大风力可达 10 级。

受季风影响以及太阳高度角和日照时间变化的影响,三江平原四季气候有明显差异。冬季严寒干燥,春季气温回升快、风大、易涝易旱,夏季温暖多雨,秋季降温急剧,降水变率大。本书主要描述植物生长期(夏秋两季)露水凝结情况。下面对夏秋季节的气候特征描述如下。

夏季,受大陆低压和太平洋副热带高压对峙,东南季风增强,南来暖湿气流不断向北输入,降水量显著增多,可形成大范围降水,甚至出现暴雨,使平原区容易发生不同程度的洪涝灾害。全区降水 6～8 月降水量达到全年降水量的 60% 以上。夏季太阳高度角最大,日照时间最长,太阳辐射最强,加上受变性热带太平洋气团控制,因此气候温暖,最热月平均气温大部分地区在 21～22℃。极端最高气温一般在 36℃ 左右。多雨和高温气候条件,对农作物生长极为有利。

秋季,由于太阳高度角减小,日照时间缩短,太阳辐射减弱,9 月下旬开始转入冷高压控制,气温急剧下降,在较强冷空气南下和夜间辐射冷却的综合影响下,9 月中、下旬即可出现初霜。10 月份平均气温为 5℃ 左右,北部的同江、萝北在 4℃ 以下。另外,秋季东亚锋区逐渐南移,冷空气势力增强,南支锋区建立,冷暖空气交换频繁,有时可形成较大降水。一般秋季降雨量占全年降水量的 18%～22%。

4.1.3 土壤与植被类型

三江平原土壤类型多样,有暗棕壤、草甸土、白浆土、黑土、沼泽土、水稻土、泥炭土、冲积土和火山灰土等九大类。其中暗棕壤、草甸土、白浆土、黑土、沼泽土是本区主要土类,占全区土壤面积的 88%。三江平原不同土壤的类型、面积及占总面积百分比见表 4.1。

表 4.1 三江平原不同土壤类型和面积

土壤类型	面积/km²	占总面积百分比/%
暗棕壤	32876.50	30.22
草甸土	29122.76	26.77
白浆土	19482.67	17.91
沼泽土	14828.50	13.63

续表

土壤类型	面积/km²	占总面积百分比/%
黑土	7300.41	6.71
水稻土	1360.80	1.25
其他	1195.29	1.10

从地形地势分布来看,三江平原草甸土、白浆土、沼泽土和黑土主要分布在地势低平的平原地区,而暗棕壤主要分布在山地丘陵区。

三江平原的湿地植物类型繁多,其中分布最广泛的是毛苔草。毛苔草适合生长于河漫滩或各种洼地中。毛苔草沼泽湿地是三江平原沼泽的主要类型。现存的毛苔草沼泽湿地面积约为 $4.493 \times 10^4 hm^2$,约占三江平原沼泽湿地的57%。毛苔草喜湿,一般生长于常年积水的洼地中,水面覆水的深度在 10~30cm,最深可达 50~80cm(见图4.2)。沼泽湿地中积水一般呈偏酸性(pH 为 5.0~6.5)。土壤的土质主要有腐殖质沼泽土、草甸沼泽土、泥炭沼泽土和泥炭土。湿地植物一般为多年生植物,在植物生长期末会直接存留在沼泽中,因此沼泽湿地中多为毛苔草的根茎盘织交错而成的草根层,草根层的含水能力非常强,弹性好,厚度一般为20~50cm。毛苔草的结构简单,叶片细长,总体呈三棱形,植株高度一般在30~80cm,叶片的覆盖度较低,总体在 50%~80%(赵魁义,1999)。

图4.2　三江平原毛苔草沼泽湿地

小叶章湿草甸是三江平原沼泽化草甸的主要类型,目前主要分布在毛苔草湿地的外围,约占三江平原沼泽湿地面积的 30.8%(见图4.3)。小叶章单优群落主要伴生种有毛水苏、芦苇、千屈菜、球尾花等,一般分布在高河漫滩、一级阶地,土壤主要为草甸土或草甸沼泽土,水分条件为地表过湿或季节性积水,植物根系很多,草根层明显。群落的总盖度一般为 90%～95%,草层的平均高度为 80～110cm。在三江平原,该群落主要分布在有季节性积水的高河漫滩和各类洼地的边缘,是分布最广的典型湿地群落之一。

图 4.3　三江平原小叶章湿草甸

对于小叶章-毛苔草混合群落,小叶章和毛苔草为群落共优种,主要伴生种有驴蹄草、千屈菜、球尾花等,群落覆盖度为 70%～80%,平均高度为 50～80cm,为三江平原典型沼泽化草甸群落,分布于河漫滩,土壤主要为腐殖质沼泽土和草甸沼泽土,水分状况为季节性积水。

毛苔草(沼泽湿地)和小叶章(湿草甸)是三江平原湿地生态系统中具有典型性、代表性的植物。三江平原的耕地主要由开垦沼泽湿地和湿草甸而来,因此选择毛苔草和小叶章作为湿地生态系统进行研究可以代表区内的其他植被类型。湿地生态系统露水凝结的试验在三江平原野外观测台站开展,该观测台站位于黑龙江省同江市东南部的洪河农场,地处三江平原腹地,三江站是国内唯一从事沼泽湿地生态系统长期定位监测的野外台站,三江站拥有 105hm² 的沼泽湿地及湿地农田综合实验场,已建立了常年积水沼泽湿地(毛苔草为优势群落)观测场、季节性积水湿草甸(小叶章为优势群落)观测场和气象场等长期观测场地。

4.2　湿地露水监测方法

拟开展湿地生态系统的露水凝结的研究,监测方法是其前提和基础。在未知地域开展露水监测应该用露水直接监测法(露水监测器的差减法)。本节介绍湿地露水监测方法的确定过程,首先确定适合湿地系统的露水监测器,其次明确露水凝结的时间段,在此基础上提出正确的监测过程,包括监测器摆放的时间节点、称量的仪器以及计算方法。

4.2.1　湿地露水监测器

1. 试验材料

试验选用葵花秆、玻璃杯、滤纸和杨木棒作为湿地系统露水监测器的备选材料(见图 4.4)。选用杨木棒和葵花秆是由于其材质更接近于真实的植物茎叶;滤纸的吸湿性对水汽的凝结较敏感,也可监测微量水汽的凝结;玻璃杯便于观测露水形成的过程。试验选用的葵花秆为上下径约 2.0cm、长度为 8.0cm 的圆柱体;玻璃杯为上口直径 5.4cm、下底直径 4.0cm、高度 8.0cm 的规则圆台体;滤纸为直径 15.0cm 的普通滤纸;杨木棒为表面进行刨光的 18cm×3.5cm×3.5cm(长×宽×高)的规则木块,可准确计算其表面积。

图 4.4　试验材料(玻璃杯、葵花秆、滤纸、杨木棒)

2. 试验过程

试验分别于 2003 年和 2009 年在代表植物毛苔草生长期 5～10 月(露点温度大于 0℃)展开。湿地露水来源有大气中的水汽、地表积水的蒸发水汽及植物蒸腾作用产生的水汽。因此,在观测架上距水面约 5cm 和植物冠层两个高度设有观测臂,用作承载露水监测器,大气中的水汽和植物蒸腾作用产生的水汽凝结在植物冠层的监测器上;地表积水的蒸发凝结在距水面约 5cm 的监测器上,实际露水量为这两部分之和。日落后及次日日出前用天平(0.001g)称量监测器的质量,于日落后 30min 在各高度分别放三个监测器,并在日出前 30min 再次进行称量。

3. 监测器的筛选

1) 材质及表面积

杨木棒与葵花秆材质均与植物茎叶相近,杨木棒经刨光后表面光滑,计算出的表面积较准确,葵花秆表面有许多小凸或凹痕,其实际表面积远大于根据几何形状计算的表面积,故在计算露水强度时结果偏大,带来一定的误差。用滤纸和玻璃杯可以严格计算露水凝结表面积,但滤纸的吸湿性较强,可能导致试验结果偏大。玻璃杯表面光滑,且杯内空气流通性差,会造成露水在凝结后滴落或在杯内凝结量较少等结果。因此,考虑露水监测器材质和表面积,用杨木棒做监测器最为合适。

2) 露水频次

选用能够准确检测出露日数的监测器是露水量计算的重要保证。露水强度包括植物冠层和水面上 5cm 两部分凝结量,为更好地评价各材质监测器对露日的检验,对两部分露水均有监测结果计为露日数 1,实际情况只要其中一部分有露水凝结就是频次为 1。由表 4.2 可知,滤纸和葵花秆测得的露日数与实际情况最为接近,其次是杨木棒,玻璃杯检测结果与真实情况相差较远。这是由于滤纸表面由细小的纤维构成,毛细现象会沿纤维间的细小缝隙运动,滤纸对水汽的凝结最为敏感。葵花秆表面凸凹不平的木质为水汽凝结提供了更多载体,相比表面光滑的杨木棒和玻璃杯,水汽在不充足时会优先凝结在葵花秆上。因此,滤纸和葵花秆是反映露日数的最佳监测器。

表 4.2　2003 年 6～10 月露水频次及各监测器检测结果

月份	露水出现 频次/次	杨木棒测得的 露日数/次	玻璃杯测得的 露日数/次	滤纸测得的 露日数/次	葵花秆测得的 露日数/次
6	25	21	5	25	24
7	24	22	14	24	24
8	13	10	10	10	10
9	21	19	17	21	21
10	5	3	4	4	5

3) 露水强度

应用式(1.1)计算出各种监测器各月露水强度,如图 4.5 所示。在叶面积指数(LAI)相同、监测器监测露日数不同的条件下,露水强度比露水量更能直观反映水汽在各收集器上的凝结情况。从四种不同材质监测器测得的露水强度来看,葵花秆监测器测量的露水强度最大,杨木棒次之,滤纸和玻璃杯最小,后三种监测器测得的露水强度比较接近。四种监测器测得的露水强度变化趋势基本相同。

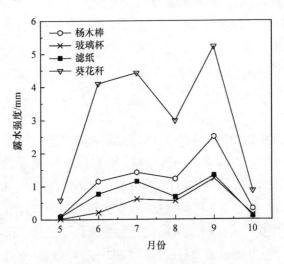

图 4.5　不同监测器月露水强度的加和

对四种监测器露水强度用 SPSS 17.0 进行分析:首先对四组数据进行 Pearson 相关系数的检验。根据相关性的检验结果,四种监测器计算的露水强度间均在 0.01 水平上(双尾数)相关性显著(见表 4.3),说明有进行因子分析的必要性。

将各监测器监测的露水强度作为四个因子,用因子分析选择最具代表性的监测器。表 4.4 给出了四组原始变量的变化共同度。可见,除葵花秆监测器外,其余三种监测器变化共同度均在 75% 以上,说明提取的因子已经包含了原始变量的大部分信息,因子提取的效果会比较理想。之后利用方差贡献的大小来确定因子(见表 4.5)。按照累计贡献率达到 80% 的原则,应提取两个公因子(玻璃杯和杨木棒),两个因子已经可以解释原始变量 86.802% 的方差,包含了大部分信息。表 4.6 中的数据代表一个因子作为线性组合系数(比例)的大小。载荷越大,因子代表性也越大。可以看出,玻璃杯、杨木棒和滤纸的载荷均大于 0.85,玻璃杯和杨木棒相关系数较高。因此,从露水强度计算的角度出发,玻璃杯和杨木棒作为露水监测器最为适宜。

表 4.3 因子相关系数

监测器类型	杨木棒	玻璃杯	滤纸	葵花秆
杨木棒	1	0.752*	0.725*	0.573*
玻璃杯	0.752*	1	0.720*	0.630*
滤纸	0.725*	0.720*	1	0.576*
葵花秆	0.573*	0.630*	0.576*	1

*表示在 0.01 水平上(双尾数)相关性显著。

表 4.4 变化共同度

监测器类型	初始	提取
杨木棒	1.000	0.786
玻璃杯	1.000	0.812
滤纸	1.000	0.768
葵花秆	1.000	0.628

表 4.5 特征根与方差贡献

监测器类型	初始特征值			提取平方和载入		
	合计	方差贡献/%	累积/%	合计	方差贡献/%	累积/%
杨木棒	2.994	74.857	74.857	2.994	74.857	74.857
玻璃杯	0.478	11.945	86.802	—	—	—
滤纸	0.286	7.152	93.954	—	—	—
葵花秆	0.242	6.046	100.000	—	—	—

表 4.6　因子载荷阵

监测器类型	成分
玻璃杯	0.901
杨木棒	0.886
滤纸	0.877
葵花秆	0.793

综上所述,若从监测器的材质和表面积考虑,杨木棒效果最佳,之后是滤纸、葵花秆、玻璃杯;若以观测露日数为主,应选用滤纸和葵花秆作为监测器,其次是杨木棒,玻璃杯对露日数的监测能力最弱;若计算露水强度,则应优先选用玻璃杯或杨木棒,其次是滤纸。综合考虑各方面因素,葵花秆对露水强度的计算表达能力最弱;滤纸虽对露日数监测比较准确,但其吸湿性影响露水凝结的真实情况;玻璃杯材质与露水凝结的植物茎叶相差最远,且露日数的监测远低于实际露日数,在计算露水量时会产生很大误差。因此,杨木棒作为湿地系统露水监测的监测器最适宜,它可以更真实地反映水汽在木质上凝结的情况,而且该监测器实用方便,易于携带。

4.2.2　湿地露水凝结时间节点

露水凝结直接监测法采用露水凝结时间段的监测器质量差反演露水凝结的量。准确确定露水凝结时段对监测近地表的水汽凝结过程是必要的。作者在2009 年 5 月和 7 月分别开展了两次露水凝结速率的分析试验,露水强度及凝结速度的变化过程如图 4.6 所示。在毛苔草发育初期的 5 月中下旬和发育成熟的 7 月下旬,当地日落时间和日出时间为 18:45 和 3:30。试验发现,湿地系统并不是在日落后立即有水汽冷凝成露,露水形成前监测器经历了短时间的水汽蒸发过程。在日落后 1.5h 左右监测器上才开始有露水凝结,然后凝结速度迅速增加,在22:00~23:00 达到峰值,峰值段凝结的露水超过其余时间露水量的总和。峰值之后凝结速度逐渐减缓,至日出前 0.5h 左右露水凝结停止,监测器上凝结的露水随气温上升转而进入蒸发过程。

影响露水凝结历时长短的主要因素是气温(air temperature, T_a)与露点温度(dew point temperature, T_d)。在水汽充足的条件下,当气温下降到露点温度时就会有露水凝结(Muselli et al., 2009;Clus et al., 2008)。如图 4.6 所示,在日落后的 1.5h 内,T_a 高于 T_d。这是由于日落后地表以长波辐射的方式释放白天吸收的热量,气温下降慢,短时间内很难降到露点温度。尽管空气中的水汽充足(RH>96%),但不会有水汽凝结,地物表面仍会发生水汽蒸发。随着热量辐射作用的逐渐减弱,T_a 降至 T_d,达到露水形成的基本条件(Luo and Goudriaan,2000a),监测器上开始有露水凝结。在露水出现初期,水汽冷凝的速度增长较快,在监测器上水汽凝结接近饱和的过程中,凝结速率减小,但露水强度仍在增大,并在日出前30min 露水强度达到极值。日出后,从凝结转向蒸发是由于 T_a 和 T_d 同步升高,此时 T_a 低于 T_d。因此,确定湿地系统露水监测器的放置时刻为日落后 1.5h,收回时刻为日出前 0.5h,露水凝结历时每天约 8h。

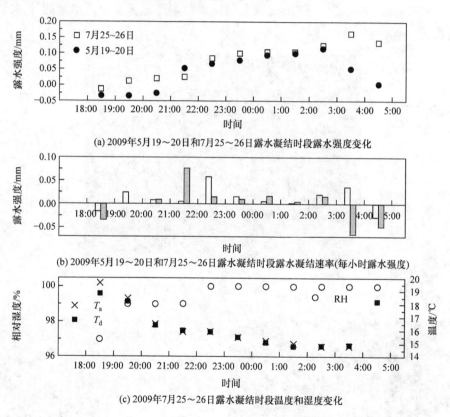

(a) 2009年5月19~20日和7月25~26日露水凝结时段露水强度变化

(b) 2009年5月19~20日和7月25~26日露水凝结时段露水凝结速率(每小时露水强度)

(c) 2009年7月25~26日露水凝结时段温度和湿度变化

图 4.6　2009 年 5 月 19~20 日和 7 月 25~26 日露水强度、速率和气象因子变化过程

4.2.3　湿地露水监测过程

　　综合 4.2.1 节和 4.2.2 节可知,杨木棒监测器能反映湿地地表露水多凝结于植物上的特点,它是湿地生态系统最佳的露水监测器,其规则的表面积也为准确

计算露水量提供了保障。试验用杨木棒为杨木板刨制成的 18cm×3.5cm×3.5cm（长×宽×高）的规则木块，其表面经过刨光（见图 4.7）。每个观测架设有三个高度，即水面上约 5cm（底层）、冠层和冠层上 50cm（顶层），试验时将监测器平放在观测臂上。于日落后 90min 准确称量的监测器分别放置在不同高度的观测臂上，每个高度重复三次；并在日出前 30min 将监测器取下，小心放入可密封的洁净塑料盒，迅速送回三江站实验室称量（精确到 0.001g）（见图 4.8）。如果收集器有增重，则说明夜间发生了露水凝结，增加的质量即监测器收集的露水量；如果没有增重，则说明夜间没有发生露水凝结，记为无露日。如果在日落后至日出前发生了降水过程，则按无露日处理。湿地露水强度与露水量的计算方法参见 1.3 节。

图 4.7　湿地生态系统露水监测器

图 4.8　湿地生态系统露水监测过程

4.3　湿地露水强度与露水量

露水的凝结与气象因素联系紧密,不同年份及月份湿度、温度等的差异对露水凝结影响较大。本节介绍三江平原湿地露水强度和露水量在平水年(2008 年)和丰水年(2009 年)的年际变化规律及不同植被类型(湿草甸和沼泽)露水强度在湿地植物垂直高度的差异性。

4.3.1　湿地露水强度与露水量年际变化

1. 露水强度

图 4.9 为 2008 年和 2009 年毛苔草沼泽湿地露水强度和降雨量。2009 年生长季降雨量高于 2008 年,频繁的降雨频次使湿地露日数明显减少,由 2008 年的98 天减少为 2009 年的 76 天。但丰水年(2009 年)充足的降雨使露水强度高于平水年(2008 年),2009 年湿地露水强度均值、最大值和最小值均高于 2008 年(见表 4.7)。平水年和丰水年露水强度均在 8 月份达到极大值。

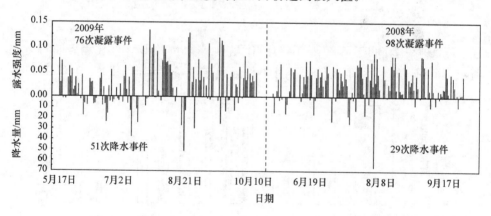

图 4.9　2008 年和 2009 年毛苔草沼泽湿地露水强度和降雨量

表 4.7　试验期沼泽湿地露水强度特征值及降雨量

日期	2008.5.18～2008.10.14	2009.5.14～2009.10.15
降水量/mm	275.3	428.3
最小露水强度/mm	0.002	0.0035
最大露水强度/mm	0.088	0.133
平均露水强度/mm	0.039	0.053

2009 年有超过 15％的露日露水强度高于 0.10mm,2008 年最大露水强度为 0.088mm(见图 4.10)。2008 年露水强度低于 0.02mm 的露日数接近 30％,2009 年为 15％左右。由此可见,充沛的降水虽然使湿地露日数减少,但其水汽凝结的强度明显增加。

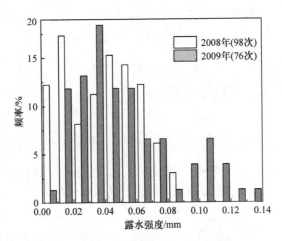

图 4.10　2008 年和 2009 年毛苔草沼泽生长季湿地露水强度出现频率

2. 露水量

三江平原 2008 年和 2009 年各月沼泽湿地露水量及 LAI 变化趋势如图 4.11 所示。由图可知,7 月中下旬到 9 月中旬湿地露水量最丰沛。2008 年和 2009 年

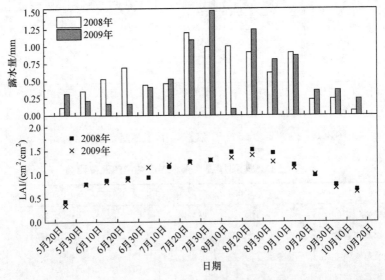

图 4.11　三江平面 2008 年和 2009 年各月沼泽湿地露水量及 LAI 变化趋势

7～9 月露水量均超过全年露水量的 80%。经计算,2008 年和 2009 年湿地露水量
分别为 8.8mm 和 8.4mm,分别占同期降水量的 3.18% 和 1.95%。平水年与丰水
年湿地露水量接近,虽然丰水年露水强度较高,但其露日数少于平水年。同时露
水量的变化趋势与 LAI 基本一致,可知,影响湿地露水量的主要因素是植物密度
及叶面积大小,湿地系统年露水量与降水量无显著的相关性。图 4.12 为湿地生
态系统露水凝结情况。

图 4.12　湿地生态系统露水凝结

4.3.2　湿地露水强度与露水量垂直变化

　　湿地生态系统不同于沙漠生态系统或草原生态系统,湿地地区的植物株高一
般在 30cm 左右,且部分湿地植物生存环境地表有 20cm 左右的积水,积水在蒸发
过程中可能会影响湿地植物垂直高度上的露水强度。图 4.13 和图 4.14 分别为季
节性积水的湿地植物小叶章(湿草甸)和常年积水的湿地植物毛苔草(沼泽)植株
不同高度的露水强度,由图可见,湿草甸植物各层露水强度差异明显,总体呈冠
层>冠层上 50cm>地面处的规律($P<0.05$)。沼泽湿地由于地面有积水的缘故,
地面高度处露水的凝结量明显高于湿草甸($P<0.05$)(见图 4.15),但露水强度的
垂直变化无显著性差异($P>0.05$)。这是由于湿草甸植物和沼泽植物露水的来源
有区别:湿草甸植物的露水主要来自于大气中的水汽,而沼泽植物的露水除了大
气中的水汽,还有一部分来自地表积水的蒸发。因此,湿草甸植物不同高度的叶
片上,露水凝结从上至下逐渐减少,而沼泽植物因为近地表叶片上截留了部分积
水蒸发的水汽,垂直高度上的露水量变化不明显。

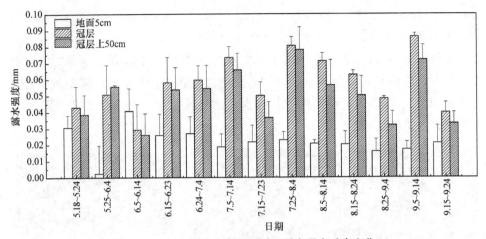

图 4.13　2008 年小叶章(湿草甸)露水强度垂直变化

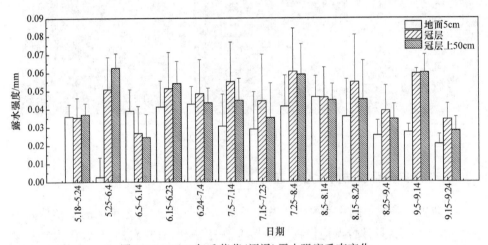

图 4.14　2008 年毛苔草(沼泽)露水强度垂直变化

图 4.15　湿草甸(小叶章)生态系统中露水分层监测

根据 2008 年(平水年)和 2009 年(丰水年)的连续监测,可知露水量在平水年和丰水年均为 8.5mm 左右,虽然丰水年的空气湿度大,露水的凝结能力显著高于平水年,但丰水年的露日数少于平水年。根据对湿草甸典型植物小叶章和沼泽典型植物毛苔草不同高度的露水强度监测分析,可知小叶章各层露水强度相差较明显,总体呈冠层＞冠层上 50cm＞地面处的规律(P＜0.05),毛苔草各高度露水强度差别不显著。

4.4　气候变化对湿地露水凝结的影响

三江平原近几十年呈现"暖干"的趋势,露水作为重要的水分输入项,对其变化趋势的判断尤为重要。本节应用 2005 年和 2008 年无霜期毛苔草植物露水强度和气象因子的相关性判断,确定影响露水凝结的相关气象因子,以 2005 年、2008 年和 2009 年露水凝结同时段的相关气象因子作为自变量,露水强度为因变量,利用多元线性回归的方法拟合露水强度和气象因子间的模型,并对该模型进行验证。结果表明,研究区露水最适宜的形成条件是水汽压高于 9hPa、相对湿度 90%～95%、露点温度高于 6℃的微风(风速 2.0m/s 左右)天气。通过露水相关气象因子拟合的多元线性回归模型的决定系数(R^2)为 0.810,预测露水强度值和实测露水强度值无显著性差异,证明该模型的预测效果较好。运用该模型可知,三江平原气候的变化对露水强度和凝结量的影响基本可以忽略。

4.4.1　湿地露水凝结影响因子

1. 相对湿度

相对湿度(RH)是指空气中水汽压与饱和水汽压的百分比,湿空气的绝对湿度与相同温度下可能达到的最大绝对湿度之比,也可表示为湿空气中水蒸气分压力与相同温度下水的饱和压力之比,因此相对湿度的高低可以直接反映大气中水汽凝结的多少。在湿地露水监测点对相对湿度进行监测,如图 4.16 所示,湿地露水强度与相对湿度正相关,夜间较高的相对湿度是露水形成的必要条件,但并不表明当相对湿度达到 100% 时露水量达到极值。图 4.17 显示露水强度最大值出现在相对湿度 90%～95% 的条件下。相对湿度过高(超过 95%)反而抑止了露水形成,这是由于毛苔草沼泽湿地常年积水,较高的相对湿度减缓了夜间近地表气温下降的幅度。

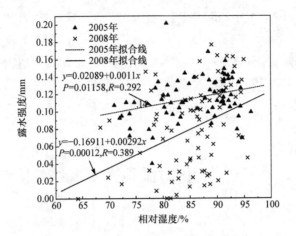

图 4.16　沼泽湿地露水强度与相对湿度的关系

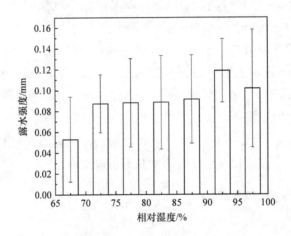

图 4.17　沼泽湿地不同相对湿度对应的露水强度

2. 露点温度

露点温度(T_d)是指空气在水汽含量和气压都不改变的条件下冷却到饱和时的温度。露点温度对夜间水汽的凝结起到关键作用。由图 4.18 可知,湿地露水强度与露点温度正相关。温度下降到露点温度以下是露水形成的先决条件,实际上随着空气相对湿度的增大,露点温度也会升高。因此,即使相对湿度较高,也容易达到露点温度,这就是湿地生态系统 7 月和 8 月露水强度较高的原因。图 4.19 显示,露点温度在 6～24℃时均出现了露水凝结。

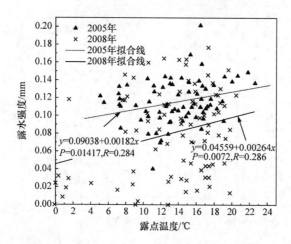

图 4.18　沼泽湿地露水强度与露点温度的关系

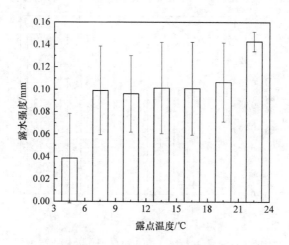

图 4.19　沼泽湿地不同露点温度对应的露水强度

3. 水汽压

水汽压(V_p)是指空气中水汽的分压强。水汽压取决于空气中水汽的多少，当气温上升时，土壤蒸发和植物蒸腾作用增强，水汽压就上升；同时，饱和水汽压(E)上升更迅速。因此，水汽压可以指示大气中水汽是否充足。通过在沼泽湿地露水试验点同期对夜间的水汽压进行监测可知，湿地露水强度与水汽压正相关(见图 4.20)。由图 4.21 可知，三江平原露水多形成于水汽压 9～27hPa 的条件。

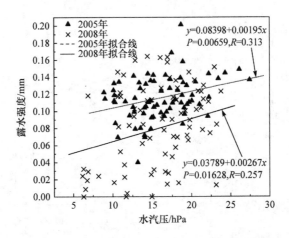

图 4.20　沼泽湿地露水强度与水汽压的关系

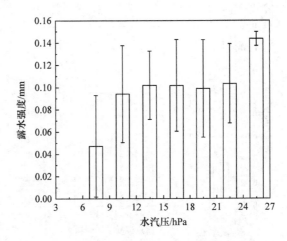

图 4.21　沼泽湿地不同水汽压对应的露水强度

4. 风速

　　风速是制约露水形成的一个重要因素,在不同地区,因其地势等条件不同,风速对夜间水汽的凝结影响不同。图 4.22 和图 4.23 表明风速增大会使露水量减少,但风速对露水凝结的影响较复杂。风可以有效带走地表长波辐射出的热量,当风速较大时,可使下垫面的温度迅速下降到露点温度,但强风会使近地表水汽迅速扩散,相对湿度下降而不易达到露水凝结所需的水分条件。研究表明,风速超过 3m/s 就会严重影响露水的形成(Muselli et al.,2002)。所以,微风可满足水汽和热量在水平及垂直方向上的扩散,有利于露水凝结。研究表明,三江平原毛苔草湿地中露水凝结多发生在风速小于 3.5m/s 的天气时,而露水强度峰值出现在风速 2.0m/s 左右(见图 4.24)。

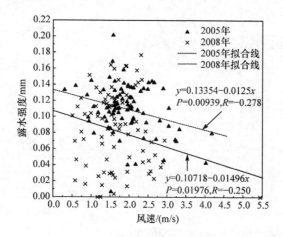

图 4.22　沼泽湿地露水强度与风速的关系

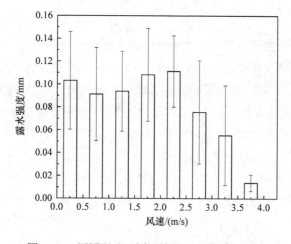

图 4.23　沼泽湿地不同风速段对应的露水强度

综合上述讨论可知,三江平原露水凝结的最适宜条件不能简单地概括为较高的相对湿度或较低的温度,相对湿度、露点温度、水汽压和风速综合制约着三江平原湿地中露水的形成。图 4.24 反映了露日时风速与相对湿度之间的关系,相对湿度与风速呈显著负相关关系。这说明风速过大会吹散水汽,不利于露水形成。研究区相对湿度 85%～92.5%、风速 1.25～2.25m/s 的天气出现的频率最高,这种气象条件适于露水形成,可使三江平原沼泽湿地具有较高的露水出现频率和较大的凝结强度。

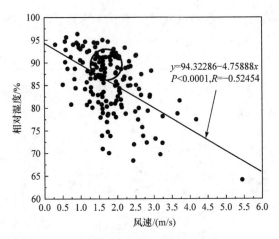

图 4.24　沼泽湿地相对湿度与风速的关系

4.4.2　湿地露水强度模型的构建与验证

1. 露水强度模型的构建

采用杨木棒作为湿地露水强度监测的监测器已经经过验证,但用监测器监测露水强度要严格控制其摆放的时间,消耗人力,在监测器摆放、收集和称量过程中易引入人为误差。因此,利用影响湿地露水形成的气象因素建立预测露水强度的模型是必要的。采用 2005 年、2008 年和 2009 年同期毛苔草沼泽湿地的露水强度和夜间气象数据进行相关分析,如表 4.8 所示,湿地露水强度与 RH、T_d、V_p 和 T_d-T_a($n=85$,$P<0.01$)正相关,同时与夜间风速呈负相关($n=85$,$P<0.01$)。因此,RH、T_d、V_p 和 T_d-T_a 和 V_{night} 均与湿地露水强度呈线性关系,故选用逐步多元线性回归模型进行分析。为避免模型中各因子存在共线性问题,影响模型的准确率,选用彼此独立的因子 T_d、V_p、T_d-T_a、V_{night} 和 R_n 作为模型因子。共选用 85组数据预测模型,其余 25 组数据验证模型精度。

表 4.8　毛苔草露水强度与各气象因子相关系数

参数	太阳辐射	相对湿度	露点温度	夜间风速	水汽压	露点温度与气温差值
露水强度	0.162	0.872*	0.342*	−0.510*	0.366*	0.850*

* 表示在 0.01 水平上(双尾数)相关性显著。

如表 4.9 所示,模型 1 到模型 3 中包括的气象因子个数逐渐增多,且湿地露水强度与各气象因子间的复相关系数 R 由模型 1 到模型 3 逐渐升高,由此表明包括 R_n、T_d 和 T_d-T_a 因子的模型 3 对湿地露水强度的模拟预测效果最佳。表 4.9

中,R^2 为决定系数。

表 4.9　模型概述

模型	R	R^2	调整 R^2	标准估计的误差
1	0.875[a]	0.766	0.763	0.01081
2	0.889[b]	0.790	0.785	0.01029
3	0.900[c]	0.810	0.803	0.00986

注:独立变量为露水强度。

a. 预测因子为常数,相对湿度。

b. 预测因子为常数,相对湿度,T_d-T_a。

c. 预测因子为常数,相对湿度,T_d-T_a,T_d。

表 4.10 为回归计算过程中各方程系数表,故预测湿地露水强度模型如式(4.1)所示。

$$I=-0.0737+0.008RH-0.031(T_d-T_a),\quad R^2=0.810 \qquad (4.1)$$

表 4.10　系数及检验表

模型		非标准化系数		标准系数	t	P
		回归系数	标准误差	试用版		
1	常数	−0.142	0.012		−11.805	0.000
	RH	0.002	0.000	0.875	16.486	0.000
2	常数	−0.513	0.121		−4.246	0.000
	RH	0.006	0.001	2.303	4.945	0.000
	T_d-T_a	−0.020	0.006	−1.436	−3.084	0.003
3	常数	−0.737	0.139		−5.294	0.000
	RH	0.008	0.001	3.207	5.889	0.000
	T_d-T_a	−0.031	0.007	−2.264	−4.273	0.000
	T_d	0.000	0.000	−0.185	−2.894	0.005

注:独立变量为露水强度。

2. 露水强度模型的验证

1) 累计概率图

如表 4.10 所示,模型 3 的各个因子系数均具有统计学意义($P<0.05$)。此外,应用残差的正态性检验对模型检验。最直观、最简单的方法是作残差的累计概率图(P-P 图),用它来判断一个变量的分布是否与一个指定的分布一致。如果两种分布基本相同,那么在 P-P 图中的点应该围绕在一条斜线周围。通过观察观

测数据的残差(曲线)在假设直线(正态分布)周围的分布,判断残差是否符合正态分布。如图 4.25 所示,P-P 图中的点基本围绕在对角线两侧,说明该模型预测数据的残差为正态分布。

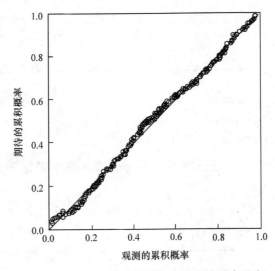

图 4.25　P-P 检验模型残差图(自变量为露水强度)

2) 独立样本 t 检验

为验证模型的预测值与实测值间的关系,这里进行独立样本 t 检验,如表 4.11 所示,两组数值均值间没有显著性差异($n=25$,$P>0.05$),说明模型的预测值与实测值来自于同一个样本总体。

表 4.11　独立样本 t 检验

假设条件	F	P	t	df	P (双侧)	均值 差值	标准 误差值	差分的 95% 置信区间	
								下限	上限
假设方差相等	1.785	0.187	6.179	52	0.000	0.03194	0.00517	0.02153	0.04231
假设方差不相等			6.179	44.678	0.000	0.03194	0.00517	0.02153	0.04235

以上两个方面都说明了该模型能对沼泽湿地露水强度起到预测效果,且预测效果较好。

4.4.3　气候变化对湿地露水凝结影响的预测

温带对全球气候暖化响应最为明显,气温上升幅度较大,1955~2000 年,三江平原年平均气温上升了 1.2~2.3℃,1951~2002 年,平均年降水量倾向率为 −8.926mm/10a,可见三江平原地区的气候有"暖干"趋势。露水作为湿地生态系统中非常重要的水分输入项,其凝结量对气候变化的响应鲜见报道。应用本节建立的露水强度预测模型(4.1)对气候变化后的露水输入量进行计算,假定三江平原地区的气候变化(空气温度、湿度等)按照近 45 年的趋势演变,模拟情景为夜晚的平均气温 T_a 由 20℃上升至 24℃,夜晚 RH 由 80% 下降到 70%。相对湿度 RH 和露点温度 T_d 的计算公式分别为

$$\lg EW = 0.66077 + \frac{7.5T_a}{237.3 + T_a + (\lg 10 RH - 2)} \tag{4.2}$$

$$T_d = \frac{(0.66077 - \lg EW) \times 237.3}{\lg EW - 8.16077} \tag{4.3}$$

式中,EW 为干球温度,℃;T_d 为露点温度,℃;RH 为相对湿度,%;T_a 为空气温度,℃。

表 4.12 为各相对湿度及空气温度下相应的露点温度。2008~2010 年湿地露日数均值为 89 天,沼泽湿地 LAI 均值为 1.03,以目前三江平原地区夜间的平均相对湿度 80% 及气温 20℃为基础,可以推算相对湿度及气温发生变化后沼泽湿地年露水量减少(表 4.13)。由表可知,温度的上升对露水凝结影响不大,因为温度上升会导致露点温度上升,露点温度与气温的差值基本保持不变。相对湿度的变化影响了露水的凝结。当相对湿度下降时,露水量降低趋势缓慢,如当温度升至 24℃、相对湿度下降至 70% 时,沼泽湿地的年露水量减少 0.165mm。因此,气候变化对湿地地区露水量的影响不明显。

表 4.12　不同温度、相对湿度条件下的露点温度　　　　(单位:℃)

相对湿度/% \ 温度/℃	20	20.5	21	21.5	22	22.5	23	23.5	24
80	19.93	20.43	20.93	21.43	21.93	22.43	22.93	23.43	23.92
79	19.93	20.43	20.93	21.43	21.93	22.43	22.93	23.43	23.92
78	19.93	20.43	20.93	21.43	21.93	22.43	22.93	23.43	23.92
77	19.93	20.43	20.93	21.43	21.93	22.43	22.93	23.43	23.92
77	19.93	20.43	20.93	21.43	21.93	22.43	22.93	23.43	23.92
76	19.94	20.44	20.93	21.43	21.93	22.43	22.93	23.43	23.92
75	19.94	20.44	20.93	21.44	21.93	22.43	22.94	23.43	23.92
74	19.94	20.44	20.94	21.44	21.94	22.43	22.94	23.44	23.93
73	19.94	20.44	20.94	21.44	21.94	22.44	22.94	23.44	23.93
72	19.94	20.44	20.94	21.44	21.94	22.44	22.94	23.44	23.93
71	19.94	20.44	20.94	21.44	21.94	22.44	22.94	23.44	23.93
70	19.94	20.44	20.94	21.44	21.94	22.44	22.94	23.44	23.93

表 4.13　气候变化后露水量变化　　　　　（单位：mm）

温度/℃ 相对湿度/%	20	20.5	21	21.5	22	22.5	23	23.5	24
80	0	0	0	0	0	0	0	0	0
79	−0.015	−0.015	−0.015	−0.015	−0.015	−0.015	−0.015	−0.015	−0.015
78	−0.03	−0.03	−0.03	−0.03	−0.03	−0.03	−0.03	−0.03	−0.03
77	−0.045	−0.045	−0.045	−0.045	−0.045	−0.045	−0.045	−0.045	−0.045
76	−0.075	−0.075	−0.075	−0.075	−0.075	−0.075	−0.075	−0.075	−0.075
75	−0.09	−0.09	−0.09	−0.09	−0.09	−0.09	−0.09	−0.09	−0.09
74	−0.105	−0.105	−0.105	−0.105	−0.105	−0.105	−0.105	−0.105	−0.105
73	−0.12	−0.12	−0.12	−0.12	−0.12	−0.12	−0.12	−0.12	−0.12
72	−0.135	−0.135	−0.135	−0.135	−0.135	−0.135	−0.135	−0.135	−0.135
71	−0.15	−0.15	−0.15	−0.15	−0.15	−0.15	−0.15	−0.15	−0.15
70	−0.165	−0.165	−0.165	−0.165	−0.165	−0.165	−0.165	−0.165	−0.165

4.5　湿地露水的化学组成

本节介绍三江平原沼泽湿地毛苔草叶片露水的化学组分特征，结果表明露水的 pH 为 6.42 ± 0.23，呈偏酸性，不会对植株的叶片造成伤害。通过检测露水中的金属元素发现，湿地露水中的金属元素丰富，植物生长必需的大量元素 K、Mg、Ca，微量元素 Mn、Cu、Cr、Zn、Na、Mo、V、As、Fe、Ni，以及可抑制植物生长的金属元素 Cd、Pb、Al 在湿地露水中均被检出，露水中的金属元素含量高于雨水。此外，通过对露水中含量较高的金属元素进行源解析，发现沼泽湿地露水的水汽主要来源于地表积水的蒸发。

4.5.1　pH

酸雨（pH<5.6 的降雨）对不同种类植物的影响存在差异，一般酸雨的 pH 在 3.5 以下时，会对植物叶片等器官造成不可逆的伤害，严重威胁植物的生长发育。露水作为凝结并附着于植物叶表的液体，其 pH 的高低对植物的生长影响较大。三江平原湿地植株露水的 pH 为 6.42 ± 0.23，略低于地表积水（见表 4.14），露水与地表积水均偏酸性，同期雨水略偏碱性。各水体 pH 季节变化如图 4.26 所示，

由此可知研究区未监测到酸雨或酸露出现。由于三江平原以农业生产为主,没有受工业排放或交通尾气污染,所以毛苔草湿地露水酸度对植物叶片无不利影响。

表 4.14　毛苔草沼泽露水、雨水和地表积水的 pH

类型	平均值±偏差	最大值	最小值	样品数
露水	6.42±0.23	6.78	5.84	21
雨水	7.36±0.14	7.52	7.09	7
地表积水	6.50±0.73	6.95	6.09	21

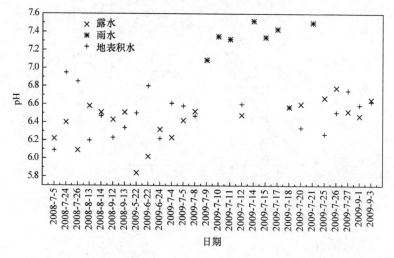

图 4.26　毛苔草湿地露水、地表积水和雨水 pH 的季节变化

4.5.2　金属元素

三江平原沼泽湿地毛苔草叶片露水中元素的含量及雨水中主要金属元素含量见表 4.15。露水中 Cd、Be、Co、Se、Mo、Th、U 和 Tl 等元素的平均含量低于 1.0μg/L,Pb、As、Ni、Cr、V、Ag、Cu 和 Zn 等元素的平均含量在 1.0~100μg/L,Na、Al、Fe 和 Ba 的含量在 100~1000μg/L,K、Mg、Ca 和 Mn 的含量高于 1000μg/L。露水中 K 的含量最高,其平均值为 29531μg/L;Ag、Th、U、Be 和 Tl 的含量最低,平均值≤0.03μg/L。露水中 K、Ca、Na、Mg、Mn、Fe 和 Zn 等七种主要元素的含量高于雨水中的含量。

表 4.15 沼泽湿地露水及雨水中各元素含量

元素	露水				同期雨水
	平均值±偏差/(μg/L)	最大值/(μg/L)	最小值/(μg/L)	样本数	/(μg/L)
Cu	10.72±9.34	25.17	3.28	7	—
Pb	7.39±1.38	10.09	6.08	7	—
Zn	89.78±55.71	248.00	4.00	21	17.86±18.72
Cd	0.15±0.04	0.19	0.09	7	—
As	2.27±0.75	3.41	1.51	7	—
Be	0.03±0.02	0.05	0.01	7	—
K	29531±29666	129200	1 189	21	167±195
Na	915±670	2191	78	21	95±54
Ca	11072±15468	51300	291	21	476±206
Mg	4776±6 466	27 180	698	21	61±43
Al	171.97±168.91	55.56	489.10	7	—
Mn	1854.98±1185.93	6107.00	580.00	20	107.71±134.23
Fe	256.04±216.35	1048.00	23.00	21	22.43±36.51
Co	0.71±0.15	1.00	0.55	7	—
Ni	3.03±0.77	3.89	1.56	7	—
Cr	4.64±2.32	7.89	2.41	7	—
Se	0.77±0.38	1.41	0.33	7	—
V	2.52±1.09	3.94	1.32	7	—
Mo	0.85±0.415	1.46	0.41	7	—
Ag	0.01±0.01	0.01	0.00	7	—
Sb	2.03±0.86	3.98	1.38	7	—
Ba	194.95±94.50	372.00	85.16	7	—
Th	0.03±0.02	0.07	0.01	7	—
U	0.02±0.01	0.03	0.01	7	—
Tl	0.02±0.01	0.04	0.01	7	—

植物生长必需的大量元素 K、Mg、Ca,微量元素 Mn、Cu、Cr、Zn、Na、Mo、V、As、Fe、Ni,以及可抑制植物生长的金属元素 Cd、Pb、Al 在沼泽露水中均被检出。由于露水中金属元素被植物吸收的机理尚不明确,且一些元素如 As 在低浓度时对植物生长有促进作用,高浓度时对植物有毒害作用,所以不能确定露水对湿地植物的作用,但可以看出露水是湿地系统营养元素输入的重要途径。Pb、Ba 是交

通运输大气污染的指示性元素,Se、As、Co、Cr、Cu 和 Al 是燃煤大气污染的指示性元素(于瑞莲等,2009),上述元素在露水中含量均较低,平均值均低于 0.2mg/L。Pb 在沼泽湿地露水中含量均值为 $7.39\mu g/L$,低于成都市 2008 年雨水中 Pb 含量均值 $9.72\mu g/L$(王华等,2010),说明研究区大气环境质量良好,未受人为污染。

4.5.3　湿地露水化学成分源解析

对三江平原沼泽湿地露水中 25 种元素的研究发现,K、Ca、Na、Mg、Mn、Fe 和 Zn 的含量较高,因此只对以上七种金属元素进行来源分析。湿地露水中的大量元素 K、Ca、Na、Mg、Mn、Fe 在地表积水中含量也较高(见图 4.27),这间接说明了沼泽湿地露水的水汽主要来源于地表积水的蒸发。研究表明,三江平原湿地地表积水中,金属元素以 K、Ca 和 Mg 为主,重金属中 Fe 含量最多、Mn 较多、Zn 较少(张芸等,2005a)。因为湿地积水蒸发是露水的重要水汽来源,所以沼泽湿地露水中的大量金属元素与地表积水中基本的特征一致,湿地积水中金属元素组合及含量影响了露水的水质。积水中溶解的金属元素随蒸发水汽进入大气,在夜间又随水汽凝结于植物叶表,通过水汽运移的方式将部分金属元素从积水中转移至露水,为湿地植物通过叶表吸收营养物质提供了另一通道。

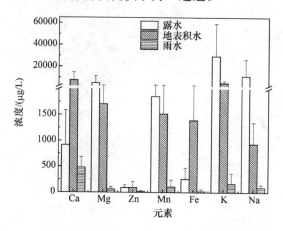

图 4.27　沼泽湿地露水、地表积水与雨水中主要金属元素含量对比

三江平原毛苔草湿地露水中含量较高的 K、Ca、Na、Mg、Mn、Fe 和 Zn 元素浓度均明显高于当地同期雨水(见图 4.27),Jiries(2001)和 Wagner 等(1992)也发现露水的主要离子含量(K^+、Ca^{2+}、Na^+ 和 Mg^{2+})高于雨水,这归因于:①形成露水的水汽,如空气中的水分、地表积水蒸发的水汽在空气中暴露时可能与大气气溶胶发生物质交换,增加露水中金属的含量;②试验所收集的毛苔草湿地露水样品

直接采自植物叶片,叶片绒毛上的干沉降颗粒物是夜间露水凝结的凝结核,采集的露水样品中存在大量肉眼可见的固体颗粒,大气干沉降中的金属溶解于露水中;③湿地露水中部分来自于叶片渗出液的 K、Ca 和 Mg 也可能对露水中金属元素有所贡献;④露水由蒸发后的水汽凝结形成,相对于雨水,露水形成历时长,暴露于空气中时间长,更多干沉降溶于露水中,例如,在印度北部沙丘地带,由于露水中含有大量干沉降,露水中 K^+、Ca^{2+}、Mg^{2+}、Na^+、Cl^-、NO_3^-、SO_4^{2-} 等离子的含量是雨水的 6~9 倍(Singh et al.,2006)。沼泽湿地露水中金属浓度较高,说明相比雨水,湿地露水能够为植物提供更丰富的营养元素。

第5章　农田生态系统露水研究

清晨时分,我们经常可以在玉米或水稻的叶片上观测到浓重的露水。在农田生态系统中,露水是必不可少的气象参数,也是作物叶表湿度的重要贡献者,清晨凝结的露水有利于叶面肥或农药的溶解和稀释,使其可以更好地被农作物叶片吸收并保持叶面湿度(刘文杰等,1998)。目前对农田生态系统露水系统的研究较少,急需开展对露水量和水质的分析、探讨,以填补农田生态系统水量平衡研究中缺少的露水输入项的空白,为进一步明晰露水对农业生产的实际意义奠定理论基础。

本章对三江平原农田生态系统(水田和旱田)露水凝结的监测与分析进行研究,5.1节介绍农田生态系统露水监测方法,重点区别农田与湿地生态系统观测和计算方法;5.2节应用2008~2009年水田和旱田的监测数据,全面对比露水强度和露水量在时间和空间的变化规律,讨论作物密植对露水凝结的影响;5.3节通过2010年水田露水水质的测试,分析露水对作物生长的作用和意义。本章通过水田、旱田露水凝结规律的对比研究揭示旱田改水田后地表小气候的改变程度,进而探讨人类活动对区域水循环和生态环境的影响。

5.1　农田生态系统露水的监测与计算方法

本节介绍农田露水监测器的类型和具体的监测计算方法。地表有覆水的水田或者旱田(大豆、玉米、高粱等)的露水强度和露水量均可以通过本节介绍的公式进行监测和计算。区别于湿地生态系统,农田生态系统中的作物在其生长期株高变化显著,因此在露水监测期要根据作物不同生长阶段的株高调整观测臂监测的高度。

5.1.1　农田生态系统露水监测器与观测方法

观测地点设在中国科学院三江平原沼泽湿地生态试验站(以下简称三江站)农田综合试验场($133°31'E$、$47°35'N$),试验场内旱田试验地($6.7hm^2$)与水田试验地($7.0hm^2$)相邻,2008年在旱田试验地播种大豆,2009年在旱田试验地播种玉米。选择水田作物水稻和旱田作物大豆、玉米为研究对象进行露水量观测。

　　农田生态系统的露水多凝结于下垫面的作物叶表或茎秆上,夜间水汽的凝结特征与湿地生态系统无异,因此同样采用刨光后的杨木棒作为监测器。2008 年和2009 年于农作物生长期(5 月末～10 月中旬)在农田植株密度适中的地点设立观测架,每日对水田和旱田露水进行观测(见图 5.1),观测过程和方法与湿地生态系统相同。在观测架距地/水面约 5cm(底层)、作物冠层和冠层上 50cm(顶层)三个高度分设观测臂。大气中的水汽和作物蒸腾作用产生的水汽凝结在作物冠层的监测器上;灌溉积水/土壤水蒸发凝结在底层的监测器上。依据作物生长期不同株高,随时调整观测臂的垂直高度。由于旱田的露水在作物植株和地表土壤水均有凝结,所以对旱田露水强度和露水量的计算方法与湿地或水田系统稍有差异,将在 5.1.2 节详细介绍。

图 5.1　观测站的旱田观测点和水田观测点

5.1.2 旱田露水计算方法

图 5.2 给出了研究区玉米叶片正反两面露水量的比值。由图 5.2 可知,正反两面露水量比值在 0.8～1.2,8 次比值算术均值为 1.02,说明玉米正反面的凝结量基本持平。因为夜晚水汽冷凝于叶面上,叶片正面对凝结水有一定承托作用,凝结于玉米叶片背面的露水虽然受到重力作用较易滴落,但背面有更多的绒毛,降低了由于重力作用而脱落造成的不均匀分布的可能性。但不同植物根据其器官的形状、位置、表面粗糙度等的不同,会对露水凝结有较大的影响。叶片是露水凝结的主要器官,在计算露水总量时,遵照植物叶片正反面系数为 2 计算可以较为真实地反映实际的凝结情况(见图 5.3)。

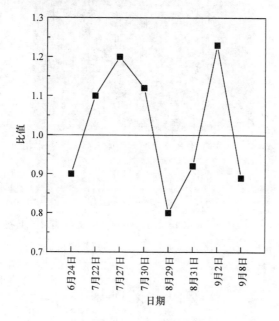

图 5.2 2009 年植物叶片正反两面露水量的比值

旱田露水强度 I 的计算方法同式(1.1)。

旱田作物露水量 DF 为植株上露水量与土壤表层露水量之和,即

$$DF = DF_{plant} + DF_{soil} \tag{5.1}$$

植株的露水多凝结于植物的叶片上,因此在计算单位面积土地上的露水量时,应重点考虑代表单位土地面积上植物叶片总面积占土地面积倍数的叶面积指数(LAI);而且,植物叶片的两面均有露水凝结,已经进行了系数校正。植株实际凝结年露水量($DF_{plant \cdot a}$)采用以下计算公式:

图 5.3　同一个玉米叶片的两面附着露水量基本相当

$$DF_{plant \cdot a} = \sum DF_{plant \cdot mi} \qquad (5.2)$$

$$DF_{plant \cdot mi} = 2LAI_i \bar{I} D_i \qquad (5.3)$$

式中，$DF_{plant \cdot a}$ 为旱田作物年露水量，mm；$DF_{plant \cdot mi}$ 为旱田作物月露水量，mm；LAI_i 为月叶面积指数，cm^2/cm^2；$\bar{I}_i$ 为月露水强度均值，mm；D_i 为月露水频次，天；2 为植物叶片正反面系数。

$$DF_{soil \cdot a} = \sum_i DF_{soil \cdot mi} \qquad (5.4)$$

$$DF_{soil \cdot mi} = \bar{I}_i \times D_i \qquad (5.5)$$

式中，$DF_{soil \cdot a}$ 为旱田作物地表年露水量，mm；$DF_{soil \cdot mi}$ 为旱田作物地表月露水量，mm。

5.2　农田生态系统露水强度与露水量

本节介绍三江平原典型农田生态系统（水田和旱田）在 2008 年（平水年）和 2009 年（丰水年）露水强度和露水量的季节变化和垂直变化规律，由监测结果可知，7 月和 8 月份作物露水强度最强，丰水年露水强度显著强于平水年（$P<$

0.05)，水稻和大豆的露水强度基本持平，显著高于玉米露水强度($P < 0.05$)；垂直方向上各作物露水凝结规律一致，冠层露水强度强于顶层，底层露水强度最弱；旱田地表露水量仅为植株露水量的 1/3。农作物露水量较为可观，旱田作物年露水量保守值为 10～15mm，水田作物年露水量为旱田的 2～3 倍，叶面积指数成为限制作物年露水量的关键因子，因此作物的密植有利于增加夜晚水汽凝结量。

5.2.1　农田生态系统露水强度与露水量年际变化

经 SPSS 软件中 Q-Q 概率图检验，2008（平水年）和 2009 年（丰水年）研究区水田和旱田月平均露水强度均呈正态分布，可用算术平均值代表样本的大小。如图 5.4 所示，各作物露水强度均在 7 月和 8 月达到峰值，丰水年露水强度总体强于平水年，水田与旱田（大豆）露水强度基本相平，但高于玉米地露水强度($P < 0.05$)。对农田生态系统（水田和旱田）的露水强度(I)进行方差齐性检验，各作物试验期露水强度的 4 种不同 Levene's 统计量对应的显著性水平均大于 0.05，满足方差齐性的结论，对变量进行单变量单因素方差分析（one-way ANOVA）中的 LSD 检验，结果表明：2008 年 7 月大豆露水强度与 2009 年 7 月玉米露水强度存在显著差异($P < 0.05$)；2008 年 8 月和 9 月水稻露水强度与 2009 年 8 月和 9 月水稻

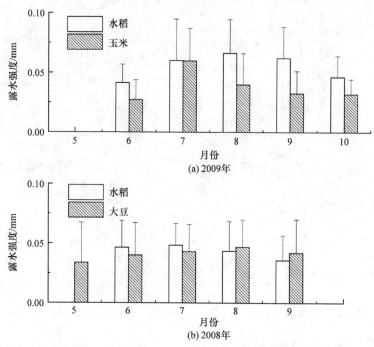

图 5.4　水田和旱田月露水强度均值变化

露水强度存在显著差异($P<0.05$)，表明丰水年农田露水强度强于平水年。7月和8月是三江平原的雨季，空气中水汽充足，2009年充沛的降雨带来的水汽提高了农田地表空气的相对湿度，保证了露水凝结所需要的水汽供应，在气温降至露点温度(T_d)时，便可在作物茎叶上冷凝成露。

2008年水稻与大豆的露水强度间没有显著性差异($P>0.05$)，2009年8月和9月水稻与玉米的露水强度间有显著差异($P<0.05$)。这表明水稻与大豆露水强度基本持平，水稻地表水汽凝结能力强于玉米。水稻田面水的蒸发提高了近地表空气中水汽含量，但日落后降温速度迟于地表为土壤的大豆地，大豆地表温度降到T_d历时较短，增加了水汽凝结时间，使大豆与水稻露水强度相差不多。玉米植株高大，地表热量不易扩散，土壤水分的蒸发成为近地表空气中水汽的主要来源，相比地表有积水覆盖的稻田和地表降温迅速的大豆地，玉米地的水汽凝结能力相对较弱。

由于水田长期有积水，其地表的露水量不易观测，这里只对作物植株露水量进行计算，以便对比水田和旱田露水量的差异。作物植株上月露水量及LAI变化如图5.5所示。水田和旱田植株月露水量在8月达到峰值，丰水年的月露水量高于平水年。2008年水稻和大豆的年露水量分别为26.2mm和10.7mm，2009年水稻和玉米年露水量分别为31.4mm和13.5mm，水田植株年露水量明显高于旱田，

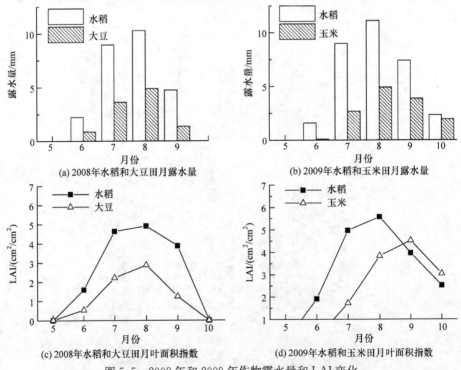

(a) 2008年水稻和大豆田月露水量　　　　(b) 2009年水稻和玉米田月露水量

(c) 2008年水稻和大豆田月叶面积指数　　(d) 2009年水稻和玉米田月叶面积指数

图5.5　2008年和2009年作物露水量和LAI变化

为旱田的 2～3 倍。由于作物叶片两面有茸毛,相比表面刨光的杨木棒监测器可凝结更多露水,且作物果实、茎上凝结的露水量并未计算在内,故得出的作物植株上的露水量是保守值。

与其他地区露水量比较,三江平原旱田年露水量与美国内华达(Nevada)州东北部沙漠河谷的露水量(13.24mm/a)相差不多,水田植株年露水量与犹他(Utah)州中部沙漠河谷的露水量(29.31mm/a)(Malek et al.,1999)及以色列内盖夫(Negev)沙漠西部干旱沙丘的地表露水量(33mm/a)(Kidron et al.,2002)相近。尽管农田生态系统的夜间相对湿度明显高于沙漠地区,但由于研究区位于中高纬度($47°35'N$),每年适合露水凝结的时间段较短,仅在 6 月上旬至 10 月上旬适于露水凝结,而沙漠地区全年皆可结露,因此虽然沙漠地区露水强度弱于农田区,但露日数明显多于农田区。

5.2.2　农田生态系统露水强度与露水量垂直变化

在农田生态系统中,各高度水汽来源、温度等因素的差异导致露水强度不同。各作物不同高度露水量和变化趋势如图 5.6 所示。7 月之前,旱田各高度露水强度相差不大;8 月份开始,各作物冠层处露水强度最高、顶层(冠层上 50cm)次之,地表露水强度最弱,且冠层和顶层露水强度的变化趋势基本相同,地表露水强度持续减弱。三江平原纬度较高,农作物生长期短(120 天),7 月份之前为苗期,地表植被覆盖度低,各高度的水汽来源基本相同,凝结强度差别不大;随着作物的快速生长,作物蒸腾作用增强,冠层和顶层水汽来源多于底层。此外,日落后地表通过长波辐射向外释放热量,冠层和顶层易于与外界交换热量,可快速降到 T_d;同时,顶层受风速的影响强于冠层,故水汽凝结能力比冠层弱。Erik 等(2009)对美国埃姆斯市南部和西部玉米地及大豆地露水垂向凝结量的观察表明:旱田顶层的露水量最丰富,这可能是由两地气象因素如风速的差异引起的。由此可知,地表植株的覆盖度影响了垂向的风速、气温及水汽来源,导致露水凝结的垂直差异。

图 5.7 为 2010 年大豆地地面与植株每日露水强度变化,由图可知,大豆地表露水凝结次数少于植株,地表露水强度在 5 月和 10 月达到峰值,而植株露水强度变化与地表相反,在 8 月达到峰值后逐渐下降(见图 5.6 和图 5.8)。这主要是由于 7 月和 8 月为研究区雨季,且大豆蒸腾作用强烈,在夜间水汽凝结时会以大豆叶片为主要的凝结受体,相比地表土壤,叶片上绒毛较多,可凝结更多水汽。此外,茂密的大豆植株使地面与上层空气热交换过程缓慢,间接影响了地表温度的下降。经计算,2010 年大豆地表露水量和植株露水量分别为 3.22mm 和 11.98mm,地表露水量约为植株露水量的 1/3。

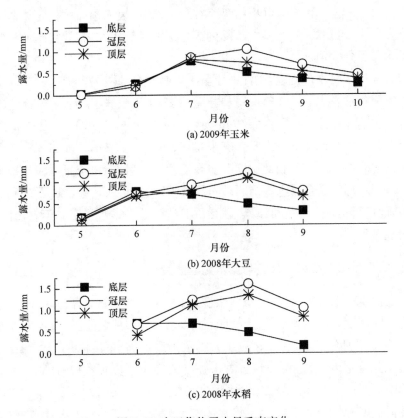

图 5.6　农田作物露水量垂直变化

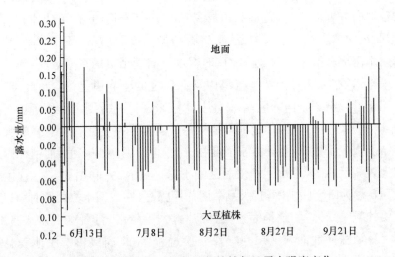

图 5.7　2010 年大豆地地面与植株每日露水强度变化

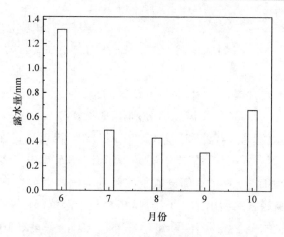

图 5.8　2010 年大豆地地面露水量

5.2.3　作物密度对露水凝结的影响

水稻不同作物密度间露水强度没有显著差异（$P>0.05$），表明水稻露水强度受植株密度的影响不明显（见图 5.9）。这主要是由于水田露水的水汽来源以灌溉水的蒸发和大气中的水汽凝结为主，且水田植株不同密度的蒸腾作用相比白天田面水的强烈蒸发少得多，所以密度对其影响不显著。假设露水强度相同，经计算中等密度水稻田年露水量为 31.4mm，而高密度的水田年露水量为 43.9mm，由此可知植株的疏密会导致年露水量有明显差异，这是由于在水汽充足的水田中，在凝结强度相差不多的情况下，凝结面积越大，单位面积土地上的露水量越大。茂密的水稻叶片凝结大量露水，密植有利于提高水田露水量。

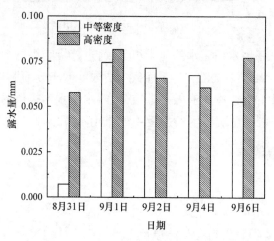

图 5.9　2009 年不同密度水稻露水量

5.3　农田生态系统露水的化学组成

我国是化肥消费大国,东北北部黑土地区的稻田中,当年施入的氮、磷素平均损失率分别约为43%和10%。植物吸收利用的氮磷占22.2%～46.1%(韩晓增等,2003),其余的氮素通过径流和排水(约为15.3%)(祝惠和阎百兴,2010)、挥发(8.8%～17.2%)等形式损失;磷肥主要通过径流和排水流失。实际上,以气态形式释放的氮素并没有全部损失,部分氮素在夜间会随水汽凝结在叶片上,所以露水凝结有利于提高氮素的利用率。据推测,植物从干湿沉降中吸收的氮素可以占植物吸收氮素总量的10%～30%(Krupa,2003)。因此,采集农田露水样品并进行有效态氮磷成分的分析测试(见图5.10),有利于判断农田生态系统近地表氮磷等营养元素的循环过程。

图 5.10　三江平原水田试验站采集水田露水过程

本节介绍三江平原水田露水的化学组分,通过分析结果可知水稻露水整体呈偏酸性,露水中的 NH_4^+-N、NO_3^--N 和 PO_4^{3-}-P 浓度低于叶面肥,水稻的叶片可以有效吸收叶面肥中和露水中的有效氮磷成分,露水为水稻提供的氮磷物质通量远高于叶面肥,可见露水在水稻生长过程中的作用不可忽视,是水稻重要的营养物来源之一。

5.3.1　pH

研究区水田露水的 pH 为 5.36～7.0(见表 5.1),均值为 6.36,总体偏弱酸性,雨水的 pH 高于地表积水。水生植物更易吸收 NH_4^+-N,导致水中的碱性物质减少,呈偏酸性的环境。此外,水稻的根部时刻发生离子间的物质交换过程,在吸收阳离子的同时会置换出 H^+ ,即伴随着有机酸的产生(Janjit et al.,2007),故水田积水略显酸性。结合后续结果水田叶片露水约 70% 的水汽来源为水田积水蒸发,30% 左右为作物自身吐水,且叶片自身分泌 H^+ ,使露水的 pH 低于田面积水。

表 5.1　水田不同水体的 pH

类型	平均值±标准差	最大值	最小值	样本数
露水	6.36±0.58	7.0	5.36	22
雨水	7.04±0.37	7.93	6.35	19
水田积水	6.68±0.34	7.11	5.92	22

5.3.2　有效态氮磷

2010 年水田露水和雨水中可被作物吸收的有效态氮磷(NH_4^+-N、NO_3^--N 和 PO_4^{3-}-P)浓度变化如图 5.11 所示,露水和雨水中 NH_4^+-N、NO_3^--N 和 PO_4^{3-}-P 浓度均呈波动变化,水田露水中 NO_3^--N 浓度显著高于 NH_4^+-N 和 PO_4^{3-}-P 浓度($P<0.05$)。露水、雨水和水田积水中 NH_4^+-N、NO_3^--N 和 PO_4^{3-}-P 浓度如图 5.12 所示,露水和水田积水中 NO_3^--N 和 PO_4^{3-}-P 浓度显著高于雨水中含量($P<0.05$),可见露水是水稻吸收有效态氮磷的另一种重要途径。水田积水中有效态

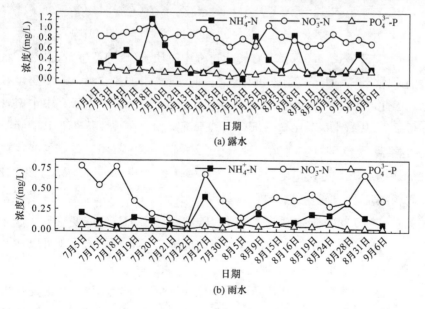

图 5.11　露水与雨水中 NH_4^+-N、NO_3^--N 和 PO_4^{3-}-P 浓度变化

氮磷在施底肥后快速下降,因此在 7~9 月露水和水田积水间 $NO_3^- $-N 浓度没有显著性差异($P>0.05$)。昼间水田积水中挥发的 NH_3 部分可能在夜间随水汽再次凝结到水稻叶片上,如式(5.6)~式(5.9)所示,在这一氮循环过程中,NH_3 首先转化为 NH_4^+,露水凝结过程多处于有氧环境,此时 NH_4^+-N 通过以下步骤更易于转化为 NO_3^--N(刘树元等,2010),导致露水中的 NO_3^--N 浓度高于 NH_4^+-N 浓度。

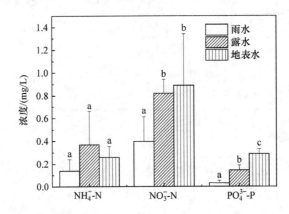

图 5.12　各水体中 NH_4^+-N、NO_3^--N 和 PO_4^{3-}-P 平均浓度

$$NH_4^+ + 1.5O_2 \longrightarrow NO_2^- + 2H^+ + H_2O \tag{5.6}$$

$$NO_2^- + 0.5O_2 \longrightarrow NO_3^- \tag{5.7}$$

$$NH_3 + 5NO_2^- + 5H^+ \longrightarrow 2N_2 + 2NO_3^- + 4H_2O \tag{5.8}$$

$$3NH_3 + 2O_2 \longrightarrow NO_3^- + N_2 + 7H^+ + H_2O \tag{5.9}$$

由式(5.6)~式(5.9)可知,在转化过程中有质子(H^+)产生,这也是露水呈偏酸性的原因之一。Maria 等(2008)研究表明,露水中的氮含量与 pH 变化有一定关系。因此,NH_4^+-N 浓度和 NO_3^--N 浓度也会影响 pH。由于研究中水田露水均为原位采集,故露水样品中包含部分大气干沉降物。在酸性条件下 P 的吸附能力较弱,这会导致 PO_4^{3-}-P 浓度在 pH 低于 7.0 时相对较高(员建等,2010)。在碱性条件下,由于 NH_4^+ 更易转化为 NH_3,故在碱性条件下 NH_4^+-N 浓度会因 NH_3 的挥发而相对较低。通过数据分析发现,PO_4^{3-}-P 和 NH_4^+-N 浓度与 pH 没有显著性相关关系($P>0.05$),但如图 5.13 所示,PO_4^{3-}-P 和 NH_4^+-N 浓度在 7 月 25 日和 8 月 8 日有两次明显的升高,pH 在这两天均低于 5.7,可见露水 pH 可以在一定程度上影响 PO_4^{3-}-P 和 NH_4^+-N 浓度。

在三江平原农业活动中,喷洒叶面肥是一种重要的追肥方式,也是水田在施底肥后的唯一追肥方式(见图 5.14)。分别于 2010 年 7 月 12 日和 7 月 25 日早上

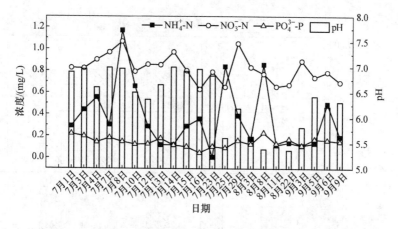

图 5.13　水田露水 pH 和 NH_4^+-N、NO_3^--N 和 PO_4^{3-}-P 浓度变化

8:30 左右两次对研究区试验田水稻喷洒叶面肥,设置的对照田不施叶面肥,以揭示叶面肥对露水水质的影响;于 2010 年 7 月 13 日至 7 月 16 日每日连续在试验田和对照田采集露水。

图 5.14　飞机在三江平原建三江农场旱田喷洒叶面肥

试验田第一次喷施的叶面肥中 NH_4^+-N、NO_3^--N 和 PO_4^{3-}-P 浓度分别为 4.26mg/L、3.44mg/L 和 0.27mg/L。对照田和喷施叶面肥的试验田露水中 PO_4^{3-}-P 浓度基本相同,这是由于叶面肥中 PO_4^{3-}-P 含量较低,喷洒叶面肥对露水中 PO_4^{3-}-P 含量影响不大;喷洒叶面肥后露水中 NO_3^--N 浓度持续降低,而 NH_4^+-N 浓度先高后低,4 天后与对照田中露水中浓度相当(见图 5.15)。由此可知,叶面肥可快速被水稻叶片吸收,推测叶片露水中较低浓度的有效态氮和磷同样被水稻快速吸收。

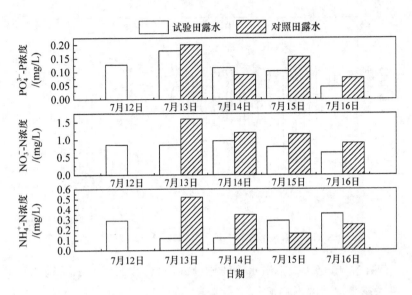

图 5.15　试验田与对照田露水 NH_4^+-N、NO_3^--N 和 PO_4^{3-}-P 浓度

　　为进一步对比露水和叶面肥为水田提供的营养物通量,计算了露水和叶面肥有效态氮和磷的输入量。在计算露水输入量时,应用有效态氮和磷浓度的加权平均值。由于不能保证每次均能采集到露水样品,故采用算术平均值计算有效态氮和磷输入量。水田露水中的有效氮很大一部分来自地表覆水 NH_3 的挥发,由于无法在施肥后立即采集露水样品,地表覆水在施肥后一周内氮浓度较高,挥发较为明显,故计算的有效态氮和磷的输入量为保守值。如表 5.2 所示,7～9 月水田露水 NH_4^+-N、NO_3^--N 和 PO_4^{3-}-P 输入量分别为 0.10kg/hm^2、0.22kg/hm^2 和 0.04kg/hm^2,而随两次叶面肥施用输入水田的 NH_4^+-N、NO_3^--N 和 PO_4^{3-}-P 分别为 0.0043kg/hm^2、0.0031kg/hm^2 和 0.0002kg/hm^2。可见,尽管露水中 NH_4^+-N、NO_3^--N 和 PO_4^{3-}-P 含量低于叶面肥($P<0.05$),但露水为水田提供的有效态氮和磷远高于叶面肥。这是由于三江平原叶面肥每年只喷洒 2 次,用量大约为 500L/hm^2,而水田露水凝结天数为 80～90 次,2010 年 7～10 月水田的露水量为 26.92mm,露水量明显高于叶面肥的喷施量(见图 5.16)。因此,相比叶面肥,水田露水输入了更多的营养物质,露水成为水稻吸收有效态氮和磷的重要途径。

表 5.2　露水和叶面肥 NH₄⁺-N、NO₃⁻-N 和 PO₄³⁻-P 平均浓度及输入量

类型	浓度/(mg/L)			沉降量/(kg/hm²)		
	NH_4^+-N	NO_3^--N	PO_4^{3-}-P	NH_4^+-N	NO_3^--N	PO_4^{3-}-P
露水	0.37	0.82	0.14	0.10	0.22	0.04
叶面肥 1	4.26	3.44	0.27	0.0021	0.0017	0.0001
叶面肥 2	4.58	2.96	0.21	0.0022	0.0014	0.0001

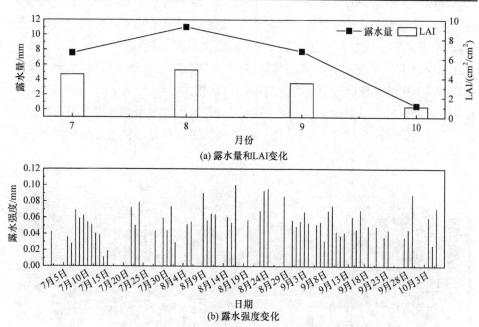

(a) 露水量和LAI变化

(b) 露水强度变化

图 5.16　2010 年水田露水量、露水强度和 LAI 变化

第6章　城市生态系统露水研究

　　城市露水是重要的凝结水资源和湿度来源,近年来对于城市露水研究已引起越来越多学者的兴趣和重视。露水在城市生态系统中不同下垫面的露水量差异较大,在道路、车辆表面、绿地区等均有不同程度的露水凝结(见图6.1)。露水形成过程中以大气中细小的气溶胶为凝结核,对空气净化有重要作用,多数学者认为城市露水中的化学成分与城市大气沉降紧密相关(Żaneta et al.,2008),大气污染物很可能是城市露水污染的直接来源,露水作为污染指示剂可揭示城市近地表大气中的污染物质。因此,准确衡量不同下垫面露水量并分析城市露水的水质是必要的。

图6.1　城市露水量

本章介绍城市生态系统中露水的观测方法和监测结果。6.1节介绍城市生态系统典型下垫面(绿地、裸土和硬化道路)的监测器类型和露水监测方法;6.2节应用2014~2016年城市露水监测数据,从露水强度、露水量方面探讨城市不同下垫面水汽凝结的规律;6.3节通过露水相关因素的辨析,拟合预测城市露水强度的模型,进一步阐明气候变化对城市露水量的影响;6.4节结合2013~2014年城市露水水质,识别露水中污染物的来源,阐明露水对大气中颗粒物的去除作用。

6.1 城市生态系统露水监测与计算方法

目前,国内外研究者对城市露水凝结的观测有限,尚未有统一的标准监测器或方法来监测城市生态系统露水的凝结量。Ye等(2007)使用天鹅绒布片监测了广东从化地区绿地区露水凝结的情况,但对城市不同下垫面水汽凝结采用的是同一监测器(天鹅绒布片),仅能监测单日单位面积城市绿地区露水强度。随着城市的高速发展,城市景观斑块趋于复杂化,下垫面的差异对露水凝结影响较大,现有方法对城市不同下垫面(如绿地、水泥路面等)露水凝结情况选用同一监测器,直接导致监测露水量的过程引进较大的人为误差,无法衡量城市生态系统整体露水凝结情况。另外,现有对露水监测的方法局限于单一次数露水凝结现象,无法评价某一时间段的露水量,因此,急需提出一种系统监测和计算城市露水量的方法。本节构建监测和计算露水量的方法,旨在探明不同下垫面露水凝结规律,并进一步完善城市生态系统露水观测的标准方法。

6.1.1 城市生态系统露水监测器与观测方法

研究区位于吉林省长春市($43°40'\sim44°10'$N,$125°01'\sim125°30'$E),属大陆性季风气候,年平均气温4.8℃,年平均降水量522~615mm。长春市夏季多雨,空气湿度大,在晴朗少云无风的夜间,适合露水凝结;秋季多晴朗天气,湿度大、昼夜温差大、风速小,容易出现浓重的露水凝结,因此选取长春市作为城市露水凝结的研究区具有代表性。于城市无霜期(4~10月)在研究区五个功能区的绿地、硬化路面、裸地分别布点,各区域试验点之间的距离不小于长春市的地域半径。

露水多凝结于城市生态系统近地表0~3m的范围,与湿地生态系统和农田生态系统不同的是,城市生态系统露水凝结区域包括绿地区、城市道路及未开发的裸地区,因此选用的露水监测器也有显著差异:城市生态系统采用杨木棒作为绿地区域露水监测器,质地为经过抛光后的实心长方体杨木棒,其规格为18cm×3.5cm×3.5cm(长×宽×高);采用沥青块作为硬化路面区域露水监测器,质地为实心长方体状沥青体,其规格为 10cm×10cm×1cm(长×宽×高)(见图 6.2);采用铝盒土作为裸地区域露水监测器,其铝盒为圆柱盒,其规格为半径 5cm,高度 5cm,上表面无盖,内部装满原位土。

(a)实心木棒　　　　　　　　　(b)沥青块　　　　　　　　　(c)气象监测站

图 6.2　露水监测器和气象监测站

　　将实心木棒放入可密封的洁净塑料盒中,将实心沥青块放入可密封的洁净塑料盒中,将装满原位土的铝盒外侧水分擦干,分别准确称重并记录。在日落后半小时,将准确称量后的放有实心木棒的洁净塑料盒、放有实心沥青块的洁净塑料盒、装满原位土的铝盒均送至各试验点,然后将实心木棒取出放置在植物冠层,将实心沥青块放置在硬化地面,将装满原位土的铝盒放置在裸露地面;在日出前半小时,将实心木棒、实心沥青块、装满原位土的铝盒分别取回,并对应放入洁净塑料盒中,将装满原位土的铝盒外侧水分擦干,然后分别准确称重并记录。每日采用 LAI 叶面积仪(LAI-2200C,美国)监测叶面积指数并记录为 LAI_{1d};若夜间有雨,则该日记为无露日。通过此方法可对城市生态系统每天露水强度进行监测。

　　露水作为小气候影响下的一种自然现象,其凝结条件与远距离气象因子变化相关性弱。因此,在试验点测定相对湿度(%)、露点温度 T_d(℃)、气温 T_a(℃),近地表 1m 风速 V_{night}(m/s)及降水量(mm)等气象指标。所有指标记录间隔均为 10min,由各试验点气象站(MILOS520,芬兰)实时监测(见图 6.2)。

6.1.2　城市生态系统露水计算方法

　　城市生态系统下垫面经过了人为的大规模改造,地面硬化现象严重,选取的监测器和计算方法均与自然生态系统差别大。此外,自然生态系统下垫面趋于均一化,在一个监测点的数据可以代表某个地区,但在城市生态系统中,地表的景观斑驳化严重,要在研究区均匀布点,鉴于城市下垫面景观多样性复杂的现状,在计算露水量输入项时要结合不同土地利用方式的系数,准确监测露水凝结的真实情况。

城市生态系统各试验点单日露水强度计算式为

$$I_{iq} = \frac{10 \times (W_{ir} - W_{is})}{S_i} \tag{6.1}$$

东西南北中各试验点露水强度算数平均值计算式为

$$I_{id} = \overline{I_{iq}} \tag{6.2}$$

下垫面硬化路面和裸地的月露水量计算式为

$$DF_{2/3mu} = \sum_{d=1}^{D_d} I_{2/3d} \tag{6.3}$$

下垫面为绿地的月露水量计算式为

$$DF_{1mu} = \sum_{d=1}^{D_d} 2LAI_{1d} I_{1d} \tag{6.4}$$

不同下垫面区域的年露水量计算式为

$$DF_{ai} = \sum_{u=1}^{n} DF_{imu} \tag{6.5}$$

城市生态系统的年露水量计算式为

$$DF_a = \sum_i A_i DF_{ai} \tag{6.6}$$

式中,i 为不同下垫面类型,其中 i 为 1 代表绿地,i 为 2 代表硬化路面,i 为 3 代表裸地;10 为换算系数;I_{iq} 为试验点单日露水强度,mm;W_{is} 为日落后各监测器的质量,g;W_{ir} 为日出前各监测器的质量,g;S_i 为各露水监测器的有效表面积,cm²;I_{id} 为东西南北中各试验点露水强度算数平均值,mm;DF_{imu} 为不同下垫面区域的月露水量,mm;2 为植物叶片正反面系数;D_d 为月露日数,day;LAI_{1d} 为日叶面积指数,cm²/cm²;DF_{ai} 为不同下垫面区域的年露水量,mm;n 为露水凝结月份数量,个;DF_a 为城市生态系统的年露水量,mm;A_i 为不同下垫面区域所占城市面积比例。

6.2　城市生态系统露水强度与露水量

为了填补城市生态系统夜间水汽凝结输入项,揭示路面硬化对近地表水循环的作用,本节通过观测 2014～2016 年长春市无霜期不同下垫面水汽凝结的真实情况,应用城市生态系统监测和计算露水量的方法,结合研究区不同下垫面露水凝结现象,在监测城市典型下垫面(绿地、裸地及道路)的基础上,阐明不同下垫面水汽凝结强度和露水输入项,分析影响露水凝结的影响因素。结果表明,东北城市年露日数(D_d)为 129～136 天,绿地区是城市生态系统水汽凝结的主要区域,城市各月露水强度绿地区>裸地区>道路区($P<0.01$),相对湿度是影响水汽运移的主要因子,城市生态系统年露水量为 23～35mm。提高城市生态系统绿化区的比例,有助于夜间水汽向地表界面的运移。例如,城市绿地区所占比例降低至5%,年露水量基本可以忽略不计。本节的结果完善了城市生态系统露水监测的方法体系,补充了城市不同下垫面夜晚水汽凝结的湿沉降量。

6.2.1　露水强度

基于 6.1 节露水强度计算公式(式(6.1)和式(6.2))和露日观测方法,本节讨论城市生态系统露日数及不同下垫面露水强度的季节变化。2014 年、2015 年和2016 年试验期 4～10 月的露日数(D_d)分别为 136、132 和 129,占无霜期天数的63.5%、62.6%和 61.4%(见图 6.3 和图 6.4)。经过三年的连续监测,结果表明长春市绿地区、裸地区及道路区的露水发生频率较接近,每晚露水强度平均值分别为 0.0607mm、0.0100mm 和 0.0049mm,城市绿地区、道路区及裸地区日露水强度均符合正态分布,对各功能区日露水强度进行方差齐性检验,城市各月露水强度为绿地区>裸地区>道路区($P<0.01$)。绿地区 7 月、8 月和 9 月露水强度显著高于其他月份($P<0.01$),道路区 7 月露水强度最大($P<0.01$),裸地区各月间露水强度没有显著性差异($P>0.05$)。Richards(2005)发现温哥华市区草地与市郊地区每晚的凝结量是 0.11～0.13mm,市区平均每天的凝结量为 0.07～0.09mm,略高于本研究区。这是由于温哥华市属温带海洋性气候,相对湿度较高,夜间水汽更易冷凝。

城市绿化区、道路区及裸地区露水强度的差异受气象因子的影响。形成露水的条件较为复杂,一般露水强度与相对湿度、露点温度正相关,与风速呈负相关。研究区的不同下垫面位于同一城市,认为云量、风向等因素对不同下垫面影响可忽略不计,相对湿度和温度是主要的影响因子。图 6.5 为 2016 年 7 月 26 日不同下垫面相对湿度的变化。数据统计结果表明,凝露期间各下垫面气温无显著性差异($P>0.05$),绿地区相对湿度显著高于裸地($P<0.01$),裸地区相对湿度显著高于道路区($P<0.01$),由此可知,相对湿度是决定不同土地利用方式露水强度差异的主要因素。

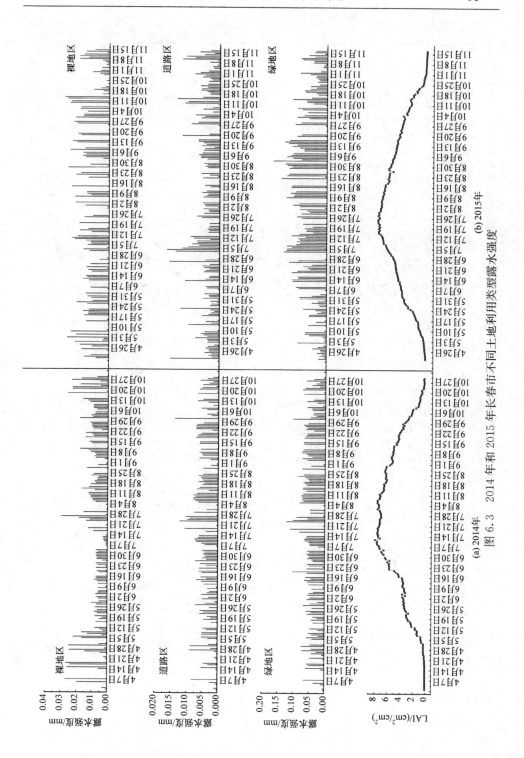

图 6.3 2014 年和 2015 年长春市不同土地利用类型露水强度

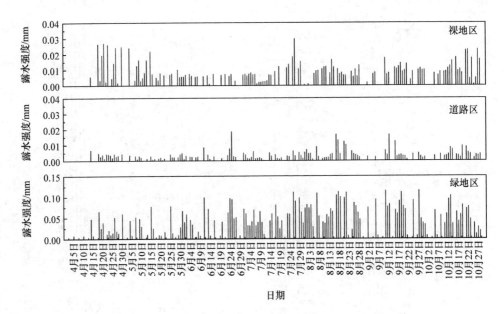

图 6.4　2016 年长春市不同土地利用类型露水强度

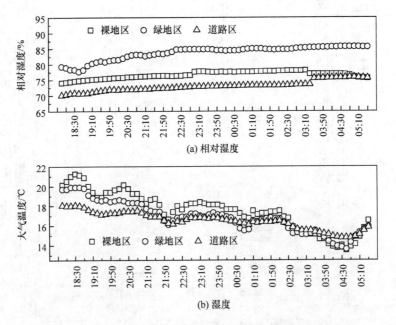

(a) 相对湿度

(b) 湿度

图 6.5　2016 年 7 月 26 日露水凝结期气象因子变化趋势

6.2.2　露水量

基于 6.1 节露水量计算方法(式(6.3)和式(6.5)),本节分析城市生态系统不同下垫面的露水量,并进一步监测城市近地表年露水量。长春市区 2014 年、2015 年和 2016 年 4～10 月不同下垫面的月露水量及 LAI 变化如图 6.6 所示。由图可知,绿地区是城市生态系统露水凝结的主要区域,绿地区露水量在 7 月、8 月和 9 月达到峰值,裸地区和道路区露水量最少且各月间变化不明显。绿地区的露水量显著高于道路区及裸地区,2014 年、2015 年和 2016 年绿地区 7 月、8 月和 9 月的总露水量分别为 46.29mm、72.24mm 和 40.15mm,占同期降水量的 22.52%、23.61%和 32.23%。绿地区露水量显著高于道路区和裸地区的主要原因是其有较高的叶面积指数,绿地区密集的植物叶片为水汽冷凝提供了更充分的凝结场所。

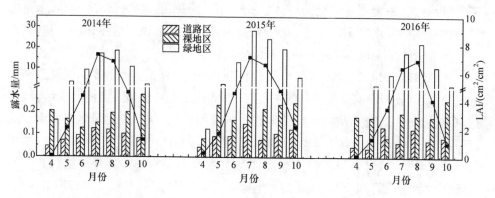

图 6.6　2014～2016 年长春市区不同下垫面各月露水量及 LAI 变化

20 世纪 80 年代以来,长春市城市化进程加快,城市规模不断扩大,随着城区钢筋水泥构筑物激增,城市下垫面原本的植物或裸土逐渐被水泥、沥青等取代,硬化路面阻断了空气中的水汽循环,不利于水汽的向下运移。2014 年、2015 年和 2016 年绿地区、道路区、裸地区年露水量分别为 61.43mm、0.63mm、1.29mm、94.21mm、0.74mm、1.50mm 和 62.66mm、0.56mm、1.23mm,可见城市绿地区的露水量是城市生态系统重要的水分输入项。目前绿地区占长春市区面积比例(A_1)为 36.5%;道路区占长春市区面积比例(A_2)为 16.68%;裸地区占长春市区面积比例(A_3)为 0.78%。经计算,长春市 2014 年、2015 年和 2016 年城市的年露水量分别为 23.23mm、34.52mm 和 22.98mm。综上所述,东北城市生态系统年露水量为 23～35mm,城市中绿地区占市区面积的比例是城市露水量的重要影响因子,如城市绿地区所占比例降低至 5%,则年露水量约为 3mm,基本可以忽略不计。

6.3 气候变化对城市生态系统露水凝结的影响

"暖干趋势"已经影响了全球水循环过程,在东北地区气候变化的研究中,对地面气温、降水、风速、蒸发等要素的分析较多,取到了大量的研究成果。中国近50年增温速率为 0.25℃/10a,而东北是全国增温最显著的地区之一(Zuo et al.,2005),1951~2007 年,平均气温上升了 0.6℃/10a;降水量年均减少 0.27mm(付长超等,2009)。研究表明,到 21 世纪后期,由于人类排放增加的影响,中国东北地区气温将可能较目前变暖 3.0℃或以上(赵宗慈和罗勇,2007),可见"暖干趋势"仍在持续。露水作为下垫面的水汽凝结物,是局地气象因子的综合反映物,气温升高、相对湿度降低,很可能对露水的形成产生影响。长春市地处东北腹地,无霜期的气候特征适合露水的凝结,露水是该区水量平衡的重要因子之一,露水量的增降很可能影响水文循环过程,直接关系到淡水的数量和可用性,但人们对东北城市露水量的监测和预测尚未展开系统研究。

本节通过 2014 年和 2015 年监测长春市区不同下垫面露水的凝结强度及相关的气象参数,分析影响露水凝结的主要因子,将直接监测法和间接模型法结合,构建东北城市露水监测方法,推导预测露水强度的模型,结果表明东北城市露水强度可通过 $I=(-5.9+0.156\mathrm{RH}-0.86V_{\mathrm{night}}+0.117R_{\mathrm{n}})\times10^{-2}(R=0.926)$ 模型进行模拟计算,结果表明该模型预测值与实测值基本相符。结合试验区1965~2015 年植物生长期夜间气候因子的变化趋势可知,相对湿度、气温、近地表 1m 风速、太阳辐射、降水量气候倾向率分别为 $-1.14\%/10\mathrm{a}$、$0.35℃/10\mathrm{a}$、$-0.24\mathrm{m}/(\mathrm{s}\cdot10\mathrm{a})$、$-1.53\mathrm{MJ}/(\mathrm{m}^2\cdot10\mathrm{a})(P<0.01)$、$-1.34\mathrm{mm}/10\mathrm{a}(P>0.05)$,结合气象因子及模拟模型,判断城市生态系统露水量的变化率为 $-1.07\mathrm{mm}/10\mathrm{a}(P<0.01)$。在相对湿度、夜间风速和太阳辐射共同影响条件下,研究区气候变化对露水凝结影响不大。本节的结论阐明了我国东北地区气候变化对露水凝结的影响。

6.3.1 城市生态系统露水凝结影响因子

由于硬化地面和裸地区对城市生态系统露水量的贡献甚微,本节只对城市生态系统绿地区的露水强度进行模拟研究。采用 2014 年和 2015 年试验期长春市露水强度和夜间气象数据进行相关分析,结果表明城市生态系统绿地区露水强度(I)与相对湿度(RH)、露点温度(T_{d})、气温(T_{a})、风寒温度(wind chill)、太阳辐射(R_{n})($n=254,P<0.01$)正相关,与 $\mathrm{PM}_{2.5}$、PM_{10}、夜间风速(V_{night})、气压(P)、空气

质量指数（AQI）（$n=254,P<0.01$）负相关（见表 6.1）。因此，因子 RH、T_d、T_a、风寒温度、R_n、PM$_{2.5}$、PM$_{10}$、V_{night}、P、AQI 均与绿地区露水强度呈线性关系，是影响城市生态系统水汽凝结的气象因子。

表 6.1　城市生态系统绿地区露水强度与各气象因子相关系数

参数	PM$_{2.5}$	PM$_{10}$	相对湿度	露点温度	气温	夜间风速	风向	风寒温度	太阳辐射	气压	降水量	AQI
露水强度	−0.346*	−0.368*	0.805*	0.641*	0.442*	−0.509*	0.057	0.446*	0.356*	−0.200*	0.188	−0.380*

* 在 0.01 水平上双侧显著相关。

6.3.2　城市生态系统露水强度模型的构建与验证

1. 露水强度模型的构建

采用 2014 年数据（120 组）构建模型，2015 年数据（134 组）验证模型。需要说明的是，由于监测器差减法在凝结水监测过程中应用较为成熟，将本书应用该方法计算得到的露水量视为真实的露水凝结情况（真实值），模型计算得出数值为模拟值。模型的构建分为以下步骤：①记录基础数据，去除异常值；②筛选构建模型的变量；③选择最佳的表达变量与因变量关系模型；④调整模型参数；⑤验证模型精度。

应用相关性分析筛选出影响露水形成的气象因子作为自变量，选择多元线性逐步回归模型，构建气象因子对露水强度（因变量）影响的预测模型。选择决定系数（R^2）最高的模型，并应用方差分析和残差分析评价模型精度。选择多元线性逐步回归模型的原因是避免因变量与自变量间存在线性依存关系；根据数据分析可知，因变量呈正态分布，预测值与实测值间的差值（残差）服从正态分布；各因变量观测值间是独立的，适合多元线性逐步回归模型的使用条件。

选用 2014 年监测的 120 组数据构建逐步多元线性回归模型，如表 6.2 所示，模型 1 到模型 3 中包括的气象因子个数逐渐增多，且城市生态系统绿地露水强度与各气象因子间的复相关系数 R 由模型 1 到模型 3 逐渐升高。回归方程的拟合度越好，决定系数 R^2 越接近 1。其中模型 1 中仅含有变量 RH，复相关系数 R 为 0.814，模型 1 可解释 66.2% 的因变量（露水强度）数值。模型 2 中含有 RH 和 R_n 两个变量，可解释 84.1% 的因变量变化。模型 3 的复相关系数 R 达到 0.926，可解释 85.7% 的因变量数值。因此，包括 RH、R_n 和 V_{night} 因子的模型 3 对城市生态系统绿地露水强度的模拟预测效果最佳。

表 6.2　模型汇总

模型	R	R^2	调整 R^2	标准估计的误差
1	0.814[a]	0.662	0.658	0.02064
2	0.917[b]	0.841	0.837	0.01424
3	0.926[c]	0.857	0.851	0.01361

注:因变量为露水强度。

a. 预测变量为常数,相对湿度。

b. 预测变量为常数,相对湿度、太阳辐射。

c. 预测变量为常数,相对湿度、太阳辐射、夜间风速。

表 6.3 列出了回归计算过程中的各方程系数,由表可知,模型 3 中各系数的 P 值(Sig.)均小于 0.01,具有统计学意义,因此预测绿地区露水强度模型如式(6.7)所示:

$$I=(-5.9+0.156RH-0.86V_{night}+0.117R_n)\times10^{-2}, \quad R=0.926 \qquad (6.7)$$

表 6.3　系数及检验表

模型		非标准化系数		标准系数	t	P	共线性统计量	
		B	标准误差	标准化回归系数			容差	方差膨胀因子
1	(常数)	−0.059	0.011	—	−5.450	0.000	—	—
	相对湿度	0.002	0.000	0.814	12.441	0.000	1.000	1.000
2	(常数)	−0.092	0.008	—	−11.177	0.000	—	—
	相对湿度	0.002	0.000	0.799	17.693	0.000	0.999	1.001
	太阳辐射	0.000	0.000	0.423	9.376	0.000	0.999	1.001
3	(常数)	−0.059	0.010	—	−7.925	0.000	—	—
	相对湿度	0.00156	0.000	0.736	15.258	0.000	0.799	1.252
	太阳辐射	0.00117	0.000	0.417	9.651	0.000	0.996	1.004
	夜间风速	−0.0086	0.004	−0.140	−2.896	0.005	0.797	1.255

注:独立变量为露水强度。

2. 露水强度模型的验证

如表 6.3 所示,模型 3 的各个因子系数均具有统计学意义($P<0.01$),RH、R_n 和 V_{night} 因子的容差分别为 0.799、0.996 和 0.797(见表 6.3),均不接近零;方差膨胀因子(VIF)值分别为 1.252、1.004 和 1.255,均不高,因此排除了各因子之间存在共线性的可能。此外,应用残差的正态性对模型检验,通过累积概率图(P-P 图)

判断一个变量的分布是否与一个指定的分布一致。如图 6.7 所示，P-P 图中的点基本围绕在对角线两侧，说明该模型预测数据的残差为正态分布。

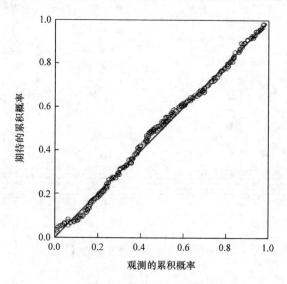

图 6.7　P-P 检验模型残差图（自变量为露水强度）

这里应用 2015 年的 134 组数据验证模型预测值与实测值的关系。由图 6.8 可知，预测值与实测值在直角坐标系中的散点基本分布在 45°直线的两侧，此外露水强度的预测值和实测值如图 6.9 所示，可见预测值与实测值变化规律及数值基本一致，综上可判断该模型能够对绿地区露水强度起到预测效果，且预测效果较好。

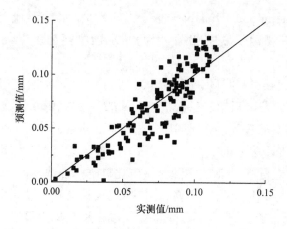

图 6.8　2015 年绿地区露水强度实测值和预测值关系图

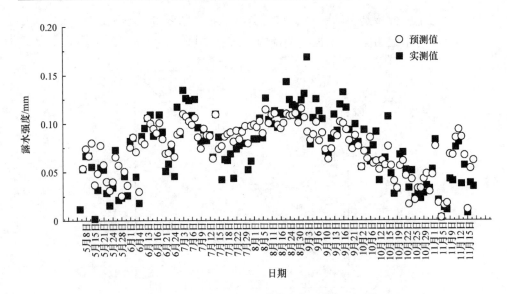

图 6.9　2015 年城市绿地区露水强度实测值与预测值对比

6.3.3　气候变化对城市生态系统露水凝结影响的预测

在全球平均温度上升的背景下,随着云量和气溶胶浓度的增加,在 50 年间,包括美国、苏联(Peterson et al.,1995)、印度(Chattoopadhyay and Hulme,1997)、尼日利亚(Akinbode et al.,2008)和中国东部(Zuo et al.,2005)等地区平均蒸发皿蒸发量和总辐射呈现稳步下降趋势,夏季北美和欧亚中高纬度地区土壤水分也日趋减少(Manabe and Wetherald,1987),导致全球空气相对湿度普遍逐渐降低(Gandhidasan and Abualhamayel,2005)。露水的形成与温度、相对湿度、太阳辐射等环境因子紧密相关,因此露水预测模型多以气象指标为因子(见表 6.4)。

露水受局地气候影响明显。图 6.10 为 1965～2015 年长春市无霜期露水凝结段相对湿度、近地表 1m 风速、气温、植物生长期日辐射、降水量、露水量累积距平图。由图可知,长春市夜间凝露时间段气象条件在过去的 50 年有了显著的变化,正经历着以变暖变干为主的气候变化过程。人类活动特别是城市化和工业化进程,对气候系统产生了重要影响。随着城市化进程的加快及温室气体的排放,20 世纪 90 年代以来,城市建筑物增多,且植被地表被沥青等硬化下垫面取代。此外,城市中的机动车辆、工业生产等排放大量的温室气体,对温度的升高也起着重要的作用。研究区植物生长期凝露时间段平均气温在波动中逐渐上升,气温倾向率为 0.35℃/10a($P<0.01$),由于是夜间气温统计值,低于近 50 年东北地区平均气

表 6.4　各地露水模型因子

地点	中国长春	菲律宾洛斯巴诺斯	荷兰瓦赫宁根	以色列内盖夫	摩洛哥梅尔左佳	美国爱荷华	沙特阿拉伯达曼	法国阿雅克修波尔多
参考文献	Xu et al.,2015a	Luo and Goudriaan,2000a	Jacobs et al.,2008	Jacobs et al.,2002	Lekouch et al.,2012	Madeira et al.,2002	Gandhidasan and Abualhamayel,2005	Beysens et al.,2005
相对湿度/%	√			√	√	√	√	√
气温/℃		√					√	√
夜间风速/(m/s)	√		√					
水汽压/hPa		√		√	√	√		
云量					√	√	√	√
露点温度/℃			√	√	√			
太阳辐射/(MJ/m²)	√							
土壤湿度/%								

注:√代表与露水模型相关的因子。

温上升的幅度 0.6℃/10a(付长超等,2009);降水量年际变化趋势不明显,整体上呈现出减少的趋势,降水量倾向率为−1.34mm/10a($P>0.05$),其中 1994~2004 年属于降水偏少的年份,1984~1992 年属于降水较集中的年份。由式(6.7)可知,相对湿度、夜间风速和太阳辐射为露水量影响因子。研究区降水量减少,气温逐步升高,导致相对湿度呈下降趋势,倾向率为−1.14%/10a($P<0.01$),特别是1994~2004 年下降剧烈;由图 6.10(d)可知,研究区太阳辐射倾向率为−1.53MJ/(m² · 10a)($P<0.01$)。1965~1978 年,长春市太阳辐射基本呈减少趋势;1978~1998 年,到达地面的太阳总辐射累积距平基本为正;1998 年以后,太阳总辐射距平由正值转为负值,这说明地面接收的太阳总辐射在 1998 年后逐渐减弱,这主要是由于近年来城市中的悬浮态颗粒物浓度逐年增加,当日光照在颗粒物上后,会发生折射或散射,大气浑浊度的增加使原本应该照射到地面的辐射波分散到大气中,到达地面的辐射越来越少。特别是近年来沙尘天气和雾霾天气频发,近地表的颗粒物含量持续增加,由于颗粒物对光的消解作用和散射作用,太阳辐射削弱明显;长春地区近 50 年夜间近地表 1m 平均风速呈整体下降趋势,倾向率为−0.24m/(s · 10a)($P<0.01$)。风速在 1983 年前后出现了气候跃变,由强转弱,1988 年后平均风速减弱速度明显加剧。研究区风速变化与气温变化负相关,冷期风速偏强,暖期风速明显偏弱。

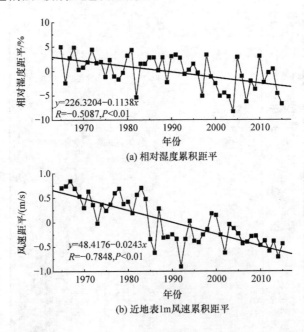

(a) 相对湿度累积距平

(b) 近地表1m风速累积距平

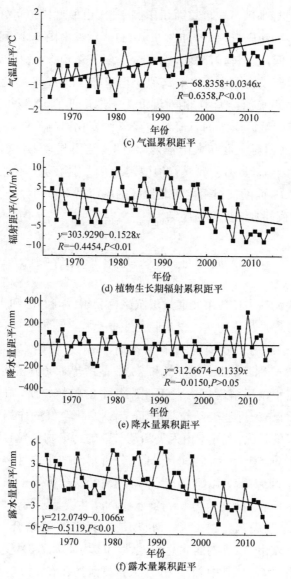

图 6.10 长春市露水凝结段气象因子及露水量累积距平

由于城市绿地区露水强度(I)与相对湿度(RH)、气温(T_a)、太阳辐射(R_n)正相关,与夜间风速(V_{night})负相关,所以气候变化下的气象条件(风速除外)不适合露水的形成。根据 2014 年和 2015 年连续观测,假设长春市 4~11 月露日数和叶面积指数(LAI)保持不变,即分别为 12.5 天、19.5 天、19 天、21.5 天、19 天、19.5 天、23 天和 15 天,同期绿地区 LAI 分别为 0.19cm²/cm²、1.87cm²/cm²、4.44cm²/cm²、7.18cm²/cm²、6.69cm²/cm²、4.67cm²/cm²、1.69cm²/cm² 和

$0.19cm^2/cm^2$,且绿地区占城市总面积比例不变,由模型模拟可知,露水量的变化率为$-1.07mm/10a(P<0.01)$,如图6.10(f)所示。由图6.10可知,随着研究区夜间相对湿度降低,太阳辐射减弱,露水量呈现下降趋势。露水量距平的时间变化序列和线性拟合线较好地反映了这种变化趋势。以2004年为例,2004年夜间风速和太阳辐射距平值接近零,相对湿度为同期最低值,其当年露水凝结能力显著减弱。但城市绿地区露水的日凝结量受气候变化影响不明显。这是由于影响露水凝结的因子(相对湿度和太阳辐射)夜间变化不显著,其气候倾向率分别为$-1.14\%/10a$和$-1.53MJ/(m^2 \cdot 10a)(P<0.01)$,且在城市生态系统中,露水凝结与风速呈负相关,而随气候变化东北地区的风速呈下降趋势($-0.24m/(s \cdot 10a)$($P<0.01$)),使夜间水汽更容易凝结。

6.4　城市生态系统露水化学组分

大气微粒从大气中迁移主要通过湿沉降(雨、雪、雾和露)和干沉降过程(重力沉降),湿沉降过程是污染物从大气清除的主要途径。研究表明,降水对大气颗粒物质量浓度、离子组分等都有显著清除作用,降水过程始末,雨水水质中Cl^-、NO_3^-、SO_4^{2-}浓度分别降低88%、77%和73%(胡敏等,2005;霍铭群等,2009)。法国一些地区的露水由于溶解了大量工业废气中的颗粒物质,固体悬浮物浓度很高,可见露水也可作为近地表颗粒物的汇,起到净化空气的作用。露水的成分还可反映近地大气的状况,大气中由人类活动排放的污染物颗粒、风向、降水过程等均可影响露水水质(Ali et al.,2004),通过分析露水中水溶性离子(Mg^{2+}、Ca^{2+}、Na^+、NH_4^+、K^+、NO_3^-、SO_4^{2-}、Cl^-、F^-)的含量,可以辨析离子来源。克罗地亚港口城市Zadar的露水pH均值为6.7,露水中Na^+主要来自海风吹来的海盐溶解,Ca^{2+}主要源于近地表灰尘的溶解,Mg^{2+}是二者来源的结合(Lekouch et al.,2010);印度北部城市Agra的露水呈偏碱性(pH均值为7.3),受自然和人为的影响,露水中离子浓度较高,其中NH_4^+源于人畜排泄物和农业活动,SO_4^{2-}和NO_3^-源于燃烧排放的气体,K^+源于化肥、尘土及生物质燃烧,Ca^{2+}源于尘土和农业生产(Lakhani et al.,2012)。通过分析露水的离子组分,可判断露水沉降的颗粒物是属于远距离输送的大气颗粒物,如来源于周边农田生物质的燃烧颗粒或源于地面扬尘(风吹沙尘、建筑尘埃、路边扬灰等),或是属于局地煤炭燃烧和石油工业的排放的污染废气(H_2S、SO_2、NH_3、NO和NO_2等)氧化生成的二次颗粒物。此外,结合露水量的监测,研究不同粒径颗粒物的去除效率和沉降通量,可探明露水是否是去除空气中颗粒物的有效途径,并进一步判定夜晚水汽凝结过程对地表颗粒物的去除作用。

本节介绍城市生态系统中露水样品的采集过程和测试结果。结合水溶性的 Mg^{2+}、Ca^{2+}、Na^+、NH_4^+、K^+、NO_3^-、SO_4^{2-}、Cl^-、F^- 含量辨析露水凝结核的来源。通过对长春市绿地区露水和雨水的水质分析发现,露水和雨水呈偏酸性,露水 pH 低于当地雨水,露水中电导率、总溶解固体均高于雨水,表明露水比雨水可溶解更多离子。露水中来自于地壳的 Ca^{2+} 和 Mg^{2+} 以及人为源排放污染物生成的 SO_4^{2-} 和 NO_3^- 是最主要的离子。露水中总阳离子(total cation,TC)和总阴离子(total anion,TA)相关性较好($R^2 = 0.97$,$P < 0.05$),总体呈现电中性,表明露水中的主要阴离子 SO_4^{2-} 和 NO_3^- 可以较好地被 Mg^{2+}、Ca^{2+} 和 NH_4^+ 中和。降水过程是影响露水水质的重要因素,在长期干旱气象条件下,露水中的离子浓度升高。露水在凝结过程中,始终对近地表的颗粒物起到去除的作用,在水汽凝结初始阶段,对颗粒物去除作用明显,随着露水凝结的饱和,净化空气能力逐渐减弱。

6.4.1　城市生态系统露水的收集与水质分析

1. 露水样品的采集

为避免收集露水过程中带来的污染,在 2013～2014 年露水浓重时于研究区采取原位收集露水的方法收集露水。不同材质的露水收集器对露水水质测定有影响,试验表明,聚四氟乙烯是较为适合的露水收集器。采用 250mL 的聚四氟乙烯瓶作为收集器,为避免雨水对露水的干扰,于无雨夜的傍晚(日落后半小时)将收集器置于绿化带旁设立的观测架上(距离地面约 1.0m),次日凌晨(日出后半小时)收回。发生降水事件时,将 500mL 的聚四氟乙烯瓶置于观测架(距离地表约 15m)上收集雨水,于降水事件结束后收回。在各试验点放置颗粒物采样器(青岛崂山,KC-120E 型低噪声中流量采样器)采集 150cm 高度的大气颗粒物。为进一步证实露水对大气颗粒物的去除作用,2013 年 7 月 21～22 日、2014 年 7 月 25～26 日和 2014 年 8 月 13～14 日分别开展每小时对露水中水溶性离子水质的监测,即在露水凝结时段(傍晚 19:00 至次日 6:00)每小时采集露水水样。

2. 露水样品的分析

每次采集露水样品 20～30mL,其中 10mL 样品采用精密 pH 计测定 pH,分析露水的酸碱度;2～3mL 应用 LS 系列贝克曼库尔特粒度仪(美国)对露水中的颗粒物进行分析,颗粒物按照粒径大小分为大于 $10\mu m$、小于 $2.5\mu m$、$2.5～10\mu m$ 三类,辨析露水去除颗粒物的主要粒径分布;10mL 样品经 $0.45\mu m$ 滤膜过滤后,采用戴安离子色谱仪(ICS-1600,美国)测定常规离子(NH_4^+、Mg^{2+}、Ca^{2+}、K^+、Na^+、

Cl^-、NO_3^-、F^-、SO_4^{2-}），分析露水中离子的主要类型。

为避免样品被污染或保存期间水质变化，全部样品采集后及时测试 pH（pH 分析仪，LA-pH10，美国）、电导率（EC）和总溶解固体（TDS）（电导率测试仪，LA-EC20，美国），颗粒物粒径（激光粒度仪，JL-1166，中国）。测试平行样品的误差率为 pH 低于 0.03 个单位，EC 低于 $2\mu s/cm$。测试后雨水和露水样品过 $0.45\mu m$ 的滤膜在 4°C 冰箱中保存。采用液相离子色谱测定主要水溶性阳离子（Ca^{2+}、Mg^{2+}、Na^+、K^+、NH_4^+）和阴离子（F^-、Cl^-、NO_3^-、SO_4^{2-}）含量（Shimadzu LC-20AD，日本）。其中，阳离子测定采用 Shim-pack IC-C1 色谱柱，样品注射量为 $20\mu L$，流动相为 5mmol HNO_3，流速为 1.3mL/min。阴离子测定采用 Shim-pack-IC-A3 色谱柱，样品注射量为 $50\mu L$，流动相为 8.0mmol 对羟基苯甲酸（PHBA）、3.2mmol Bis-Tris 和 50mmol 硼酸混合液，流速为 1.5mL/min。

长春市区能见度数据由 http://www.wunderground.com 提供，大气质量指数（air quality index，AQI）、$PM_{2.5}$ 和 PM_{10} 由 http://www.pm25.in/changchun 提供。

6.4.2　pH、电导率和总溶解固体

研究区露水和雨水的 pH 范围分别为 5.89～7.20 和 5.29～6.89（见表 6.5）。露水 pH 均值为 6.72，不属于酸露的范围，因此不会对植物叶片产生腐蚀作用。露水比当地雨水略显碱性，在其他湿润地区或城市生态系统也有同样的规律（见表 6.6）。露水呈现酸性是由于露水在形成过程中不断溶解 CO_2 或其他酸性气溶胶，雨水呈酸性主要是由于降雨过程清除了人为排放的 SO_2 和 NO_x 气体。在内盖夫沙漠地区，当地露水比雨水略显碱性，是因为沙漠地区露水中溶解了大量的沙粒，Ca^{2+} 和 K^+ 浓度远高于雨水。露水的 EC 变化范围为 250～$552\mu S/cm$，EC 和 TDS 均高于雨水，表明露水中溶解的离子含量更高，这归因于露水比雨水经历了更明显的蒸发过程。

表 6.5　2013～2014 年长春市雨水和露水的 pH、EC 和 TDS 特征值

参数	露水（$n=24$）			雨水（$n=18$）		
	pH	EC/($\mu S/cm$)	TDS/(mg/L)	pH	EC/($\mu S/cm$)	TDS/(mg/L)
平均值±标准差	6.72±0.33	308	154	6.16±0.24	95	48
最大值	7.20	552	276	6.89	163	81
最小值	5.89	250	125	5.29	52	26

表 6.6　各地区露水中 pH、EC 和 TDS 特征值

类型	半湿润地区		半干旱地区				干旱地区			沿海地区	
地点	中国长春	印度德里	印度阿格拉	印度兰布尔	摩洛哥梅尔左佳	约旦安曼	以色列赛代	以色列尼斯纳	智利圣地亚哥	克罗地亚扎达尔	法国波尔多
参考文献	Xu et al., 2015b	Sudesh and Pawan, 2014	Lakhani et al., 2012	Singh et al., 2006	Lekouch et al., 2011	Jiries, 2001	Kidron and Starinsky, 2012	Kidron and Starinsky, 2012	Rubio et al., 2002	Lekouch et al., 2010	Beysens et al., 2006
露水 pH	6.72	6.78	7.3	6.8	7.4	6.7	7.31	7.47	6.00	6.71	6.3
雨水 pH	6.16	5.91	—	5.4	6.85	6.9	7.2	7.3	5.00	6.35	5.4
EC/(μs/cm)	308	271	—	—	725.25	128.7	510	590	—	195.59	29
TDS/(mg/L)	154	135	—	—	—	—	—	—	—	—	—

　　如图 6.11 所示,露水中总阳离子(TC)和总阴离子(TA)相关性较好($R^2 =$ 0.97,$P<0.05$),总体呈现电中性,表明露水中的主要阴离子 SO_4^{2-} 和 NO_3^- 可以较好地被 Mg^{2+}、Ca^{2+} 和 NH_4^+ 中和。

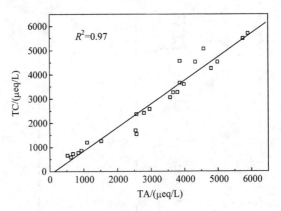

图 6.11　长春市露水中 TC 和 TA 相关性

6.4.3　离子浓度

1. 露水离子组成

　　城市露水中离子浓度的排序为 $NH_4^+ > SO_4^{2-} > Ca^{2+} > NO_3^- > Na^+ > Cl^- > F^- > K^+ > Mg^{2+}$。其中,$NH_4^+$(1536.9μeq/L)和 SO_4^{2-}(1584.5μeq/L)是含量最高的阳离子和阴离子,分别占总离子浓度的 33.94% 和 33.44%(见图 6.12);Ca^{2+} 和 NH_4^+ 中和能力较强,$NH_4^+ + Ca^{2+}$ 与 $SO_4^{2-} + NO_3^-$ 比值为 1.3,表明露水中阳离子量更丰富,总阳离子量和阴离子量分别为 2564.1 和 1944.9μeq/L,但露水 pH 均值接近中性,因此,推测还有 HCO_3^-、CO_3^{2-}、NO_2^-、Br^- 和 PO_4^{2-} 等未被检测的阴离子存在。

　　露水中所有水溶性离子浓度均高于雨水,其中 NH_4^+ 浓度是雨水中的 3.82 倍,Ca^{2+} 浓度是雨水中的 2.68 倍,Na^+ 浓度是雨水中的 2.68 倍,K^+ 浓度是雨水中的 2.30 倍,Mg^{2+} 浓度是雨水中的 3.53 倍,SO_4^{2-} 浓度是雨水中的 5.38 倍,NO_3^- 浓度是雨水中的 1.69 倍,Cl^- 浓度是雨水中的 2.91 倍,F^- 浓度是雨水中的 3.29 倍。在其他研究区,也有相同的结果(见表 6.7)。雨水和露水同为湿沉降,气溶胶是露水及雨水形成的凝结核,二者化学组成的差异主要是由于形成区域的空间差异:雨水形成于高空,而露水凝结于近地表,地表的尘土、碳酸盐、硅酸盐等均高于高空,空间的差别导致大气中气溶胶含量及种类不同。此外,露水是由蒸发后水

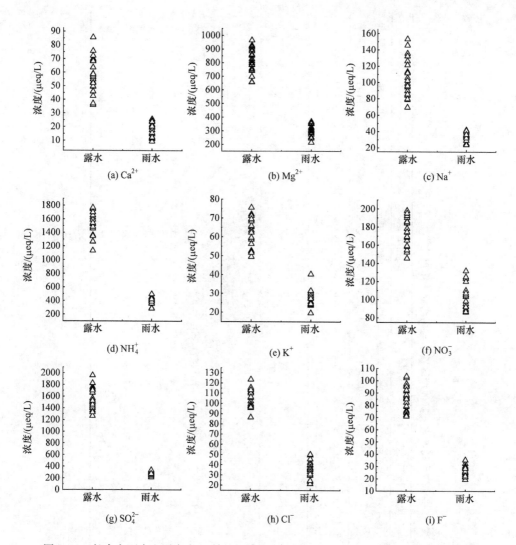

图 6.12　长春市雨水和露水中 Ca^{2+}、Mg^{2+}、Na^+、NH_4^+、K^+、NO_3^-、SO_4^{2-}、Cl^-、F^- 浓度

汽凝结形成的,且露水形成约需要 10h,比雨水暴露时间长,露水量远低于雨水,这些都使露水中化学成分的浓度比雨水中的高。如表 6.7 所示,Beysens 等（2006）发现法国 Bordeaux 地区阳离子（Ca^{2+}、Mg^{2+}、Na^+、K^+、Zn^{2+} 和 Cu^{2+}）和阴离子（Cl^-、NO_3^- 和 SO_4^{2-}）浓度均低于当地雨水,这是由于露水水质与下垫面的空气质量紧密相关,Bordeaux 地区基本无大气污染等情况,空气质量良好,这也再次表明露水是揭示当地空气质量的指示器。

表6.7　长春市及其他地区露水与雨水离子浓度比

气候	半湿润地区	半干旱地区			沿海地区				干旱地区	
地点	中国长春	约旦安曼	印度德里	印度兰布尔	摩洛哥梅尔左佳	克罗地亚扎尔达	智利圣地亚哥	法国波尔多	以色列赛代	以色列尼斯纳
参考文献	Xu et al., 2016	Jiries, 2001	Sudesh and Pawan, 2014	Singh et al., 2006	Lekouch et al., 2011	Lekouch et al., 2010	Rubio et al., 2002	Beysens et al., 2006	Kidron and Starinsky, 2012	
Mg^{2+}	3.53	4.1	1.7	7.38	1.50	0.719	5.55	0.74	2.07	3.94
Ca^{2+}	2.68	2.8	1.8	7.87	1.46	3.226	9.96	0.39	2.29	2.63
Na^+	3.13	1.3	1.4	13.78	1.89	0.360	5.90	0.74	2.16	2.74
NH_4^+	3.82	0.9	3.4	6.15	—	2.318	9.64	—	2.55	1.58
K^+	2.30	2.4	1.5	10.36	1.81	2.458	9.33	0.68	7.58	3.80
NO_3^-	1.69	1.4	0.6	9.28	1.28	0.846	3.89	0.13	7.67	6.61
SO_4^{2-}	5.38	3.1	3.3	12.35	1.48	1.123	6.36	0.58	2.90	4.03
Cl^-	2.91	1.6	1.8	13.55	1.63	0.635	4.00	0.83	1.93	1.86
F^-	3.29	0.5	2.1	4.98	—	—	—	—	—	—

2. 离子相关性分析

研究区雨水和露水中离子的相关系数如表 6.8 所示。长春市是典型的内陆城市,基本所有离子均来自于内陆地区,地表灰尘是露水中离子的重要来源。由表可知,Ca^{2+} 和 Mg^{2+} 显著相关(露水 $R=0.95$,雨水 $R=0.94$),这表明 Ca^{2+} 和 Mg^{2+} 均来自于地壳,具有同源性。相似地,酸性阴离子 NO_3^- 和 SO_4^{2-} 同样相关性显著(露水 $R=0.92$,雨水 $R=0.95$),表明二者均来自于人为源,如煤炭燃烧、工业废气或汽车尾气的排放等。在露水和雨水中,NH_4^+ 和 NO_3^-、SO_4^{2-} 均显著相关(露水 NH_4^+ vs. $NO_3^-=0.77$,NH_4^+ vs. $SO_4^{2-}=0.78$;雨水 NH_4^+ vs. $NO_3^-=0.93$,NH_4^+ vs. $SO_4^{2-}=0.94$),说明 $(NH_4)_2SO_4$ 和 NH_4NO_3 是雨水和露水中的主要产物。此外,露水中 Mg^{2+} 和 Ca^{2+} 与 NO_3^- 和 SO_4^{2-} 的相关性表明,$CaSO_4$、$Ca(NO_3)_2$、$MgSO_4$ 和 $Mg(NO_3)_2$ 也是露水中的重要中和产物(Ca^{2+} 和 SO_4^{2-} 的 $R=0.87$,Ca^{2+} 和 NO_3^- 的 $R=0.90$,Mg^{2+} 和 SO_4^{2-} 的 $R=0.91$,Mg^{2+} 和 NO_3^- 的 $R=0.90$)。可见 Ca^{2+}、Mg^{2+} 和 NH_4^+ 是露水中主要中和阴离子的碱性物质。

表 6.8　露水(下)和雨水(上)中离子的相关系数

雨水 / 露水	NH_4^+	Mg^{2+}	Ca^{2+}	K^+	Na^+	Cl^-	NO_3^-	F^-	SO_4^{2-}
NH_4^+		0.75**	0.70**	0.96**	0.54	0.72**	0.93**	0.88**	0.94**
Mg^{2+}	0.78**		0.94**	0.85**	0.72**	0.78**	0.76**	0.65*	0.79**
Ca^{2+}	0.72**	0.95**		0.79**	0.81**	0.90**	0.73**	0.63*	0.85**
K^+	0.68*	0.85**	0.79**		0.73**	0.62*	0.45	0.51	0.75**
Na^+	0.65*	0.89**	0.85**	0.98**		0.75**	0.47	0.65*	0.66*
Cl^-	0.88**	0.85**	0.88**	0.90**	0.90**		0.56	0.79**	0.75**
NO_3^-	0.77**	0.90**	0.90**	0.75**	0.75**	0.85**		0.89**	0.95**
F^-	0.65*	0.80**	0.70**	0.65*	0.68*	0.67*	0.68*		0.78**
SO_4^{2-}	0.78**	0.91**	0.87**	0.75**	0.75**	0.80**	0.92**	0.83**	

* 在 0.05 水平上显著相关(双侧);

** 在 0.01 水平上显著相关(双侧)。

3. 露水水质影响因素

降水过程对露水的水质影响明显。如图 6.13 所示,2013 年 7 月 8～9 日的降水过程使同年 7 月 11 日的露水中离子浓度低于 7 月 7 日。7 月 12 日露水中离子浓度明显高于 7 月 11 日,这是因为研究区白天汽车尾气和道路扬尘等使大气颗粒物增加迅猛,在夜间水汽凝结过程中,露水中溶解颗粒物较多。在经历了 7 月 13～16 日的连续降水后,大气中颗粒物被雨水有效清除,7 月 17 日露水中离子浓度降低。7 月 18～20 日经历了明显的降水过程后,7 月 21 日收集露水中的离子浓度达到最低值。因为在 7 月的中下旬没有雨水过程,所以 7 月 31 日清晨收集到的露水中离子含量较高。由此可知,长期的无雨过程是导致露水中离子浓度激增的主要原因。

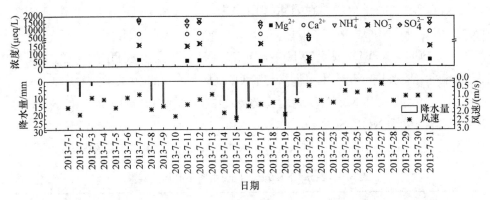

图 6.13　2013 年 7 月长春露水离子浓度、降水量、风速

图 6.13 表明,研究区大部分露日出现在风速在 0.4～2.5m/s 区间内,露水的蒸发过程不能忽视。但数据分析显示,2014 年 7 月 25～26 日凝露期间风速显著高于 2013 年 7 月 21～22 日($P < 0.05$),但 2014 年 8 月 13～14 日夜间风速与 2013 年 7 月 21～22 日无显著差异($P > 0.05$),但 2014 年 8 月 13～14 日与 7 月 25～26 日的露水中离子浓度显著高于 2013 年 7 月 21～22 日露水水质($P < 0.05$),可见在研究区,风速并不是影响露水水质的主要因素。

6.4.4　颗粒物

NH_4^+、NO_3^- 和 SO_4^{2-} 来自污染物的排放过程,也是 $PM_{2.5}$ 的主要成分,三者浓度总和可占全部水溶性离子总和的 85%,露水凝结时段每小时离子浓度(Ca^{2+}、NH_4^+、NO_3^- 和 SO_4^{2-})、PM_{10} 和 $PM_{2.5}$ 及风速变化如图 6.14 所示。由图可知,露水中颗粒物浓度与离子浓度变化具有同步性,表明除重力作用外,水汽在夜间凝结时也对近地表颗粒物有去除作用。雨水与露水同为湿沉降,结果表明在降水过程中,雨水中的离子浓度不断降低(Hu et al.,2005),一场降水事件 Cl^-、NO_3^- 和 SO_4^{2-} 可分别降低 88%、77% 和 73%,可见雨水对大气中颗粒物的去除效果是显著的(Huo et al.,2009)。由于露水凝结的界面狭窄且凝结量小,露水对气溶胶的

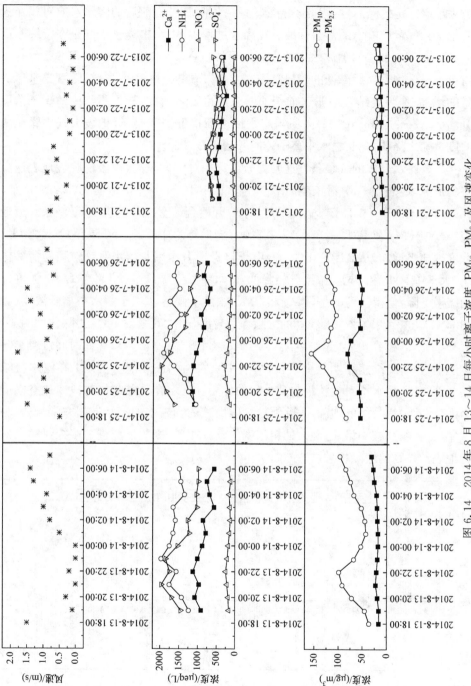

图 6.14　2014 年 8 月 13～14 日每小时离子浓度、PM₁₀、PM₂.₅ 及风速变化

去除能力远低于雨水,与雨水对大气颗粒物去除过程相比,露水对近地表气溶胶的去除有一定的滞后性,因此不能简单地应用凝露过程前后的露水水质对比作为露水去除气溶胶能力的衡量标准。在降水过程中,雨水中离子浓度是在持续降低的(Hu et al.,2005),但露水中的主要离子浓度(Ca^{2+}、NH_4^+、NO_3^- 和 SO_4^{2-})在凝露过程呈现先升高后降低的趋势。露水在吸湿颗粒物的表面形成,随着露水形成量的增加,作为凝结核被露水捕获的颗粒物也随之增加,导致露水中的离子浓度升高(Beysens et al.,2006)。但当露水量逐渐接近饱和时,近地表大气中颗粒物浓度也随之降低,此时露水中离子浓度开始缓慢降低。

易于露水形成的气象条件通常为微风且相对湿度较高,由于傍晚近地表逆温层的形成,地表空气中污染物如汽车尾气及道路扬尘等扩散能力减弱。例如,2014 年 8 月 13~14 日,地表水汽从 18:00 开始凝结至次日凌晨 6:00 结束。近地表空气中 PM_{10} 和 $PM_{2.5}$ 在 18:00~22:00 增加,露水中 Ca^{2+}、NH_4^+、NO_3^- 和 SO_4^{2-} 浓度也随之增加,从 22:00 至 1:00,由于自身重力作用及露水对颗粒物的清除作用,大气中 PM_{10} 和 $PM_{2.5}$ 浓度开始降低,露水中 Ca^{2+}、NH_4^+、NO_3^- 和 SO_4^{2-} 浓度开始缓慢下降,值得注意的是,PM_{10} 和 $PM_{2.5}$ 浓度下降速率快于露水中离子浓度(见图 6.15),这表明露水对颗粒物的去除作用较明显,尤其是对 PM_{10} 去除作用明显。大气中 PM_{10} 和 $PM_{2.5}$ 质量浓度从 0:00 到 6:00 开始回升,露水在此时间段凝结基本达到饱和,凝结速率明显变缓,对大气中颗粒物的去除能力变差。在露水凝结的全部时段,露水均对颗粒物起到去除的作用。露水在凝结起始时段净化空气能力强,随着水汽凝结的饱和,去除颗粒物能力减弱。露水的凝结过程非常复杂,与气象条件、凝结核类型、近地表的粗糙度等条件相关,因此还应进一步探讨露水对近地表颗粒物的去除机理。

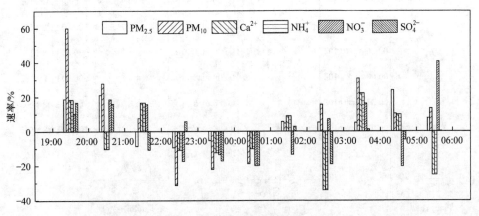

图 6.15　2014 年 8 月 13~14 日露水中离子浓度、PM_{10}、$PM_{2.5}$ 变化速率

第7章 土地利用变化对露水凝结的影响

第4章~第6章分别介绍了露水在湿地生态系统、农田生态系统和城市生态系统中的凝结规律和水质特征,可见各个生态系统由于下垫面性质和局地气候特征差别较大,夜晚水汽凝结的过程发生显著变化。三江平原近70年由"北大荒"变为"北大仓",其土地利用方式发生了巨大改变,主体的地貌景观由沼泽湿地变为旱田,在20世纪90年代又由旱田转变为水田。目前三江平原作为我国商品粮主产区,耕地已经成为主要的土地覆盖类型。本章重点介绍三江平原从湿地变为农田的过程中,近地表覆盖特征变化对水汽凝结强弱、频次、多少、水质及水汽来源的影响;同时,总结世界各地不同生态系统的典型下垫面露水凝结情况。

7.1 三江平原开发过程

20世纪60年代,三江平原是我国面积最大的沼泽湿地分布区(见图7.1),曾经被称为"北大荒",其地处偏远,森林茂密,沼泽广布难行,人烟稀少。1893年以前,三江平原耕地面积不足300km²,沼泽化植被大面积连续分布(刘兴土和马学慧,2002)。中华人民共和国成立以前,只有小规模关内移民移居于此,开荒种地、采矿、伐木等经济活动,属于局部开发,人口增长非常缓慢,对三江平原的自然景观基本没有干扰。

图7.1 三江平原原始沼泽地

　　中华人民共和国成立后,特别是进入 1960 年以后,三江平原的人为强度干扰增强。近 50 年来,三江平原共经历了四次大规模的垦殖,湿地景观转化为耕地景观,三江平原也成为国家的重要商品粮生产基地。在景观的转变过程中,人类的活动是造成景观改变的决定因素。

　　第一次大规模的垦殖是在 1949～1960 年。由于当时大型的农机用具还未普及,机械化程度很低,开发速度较慢,对湿地的开发程度不高。第二次是从 20 世纪 60 年代初开始,当时百万知识青年开赴"北大荒",没有现代化农垦工具,到 1977 年,三江平原仍基本上保持沼泽连片、雁鸭成群的原始景观,土地垦殖率上升至 19.5%。第三次是 70 年代末到 80 年代初,此次开发的破坏力较前两次大得多。水利系统的建立直接导致三江平原湿地剧烈变化。至 1980 年,大面积的沼泽湿地和湿草甸湿地被开垦,面积锐减至不足 $2×10^4 \, km^2$,耕地面积超过了 $3×10^4 \, km^2$。第四次大规模垦殖是从 80 年代中期持续至今,三江平原开展了全方位的农业改革和资源综合开发,"以稻治涝"的政策全面推行,土地垦殖率增加至 43.7%。在前三次的垦殖过程中,岗坡地基本已经全被利用,第四次开垦以沼泽地为主,这也使三江平原湿地的面积迅速减少(见图 7.2),很多栖息于湿地中的鸟类和鱼类由于生存环境被破坏,数量锐减,这对三江平原生物多样性产生了很大的影响。

图 7.2　三江平原原始沼泽大部分已开垦为农田

　　总体而言,三江平原在近 70 年的土地利用方式发生了巨大改变。首先,耕地的面积在不断增加,粮食产量也在持续攀升,现在三江平原已经成为我国重要的商品粮生产基地之一。其次,三江平原的沼泽、草地和林地的面积在直线下降,整体的生态环境发生了巨大的变化。王宗明等(2004)对三江平原 50 年来的土地利用类型变化展开了一系列的调查研究。由表 7.1 可知,从 1954 年到 1976 年,三江平原内的耕地面积和城乡工矿用地面积增加明显,在 8 年的时间内均翻了 2～5倍;从 1976 年到 1986 年这 11 年间,三江平原耕地面积持续增加,林地、水域和草地的面积变化不明显,湿地面积大幅度减少,从 1976 年的 223.06×10⁴hm² 下降至 1986 年的 138.93×10⁴hm²,各类城乡工矿用地继续增长,可见这十年以城市建设和开垦耕地为主。从 1986 年到 1995 年 10 年间,三江平原耕地面积仍然继续增加,但增长的幅度放缓,共计增加面积为 41.56×10⁴hm²,林地的面积在这期间有小幅的增长,而湿地和草地的面积仍然继续下降。在 1995 年至 2000 年期间,由于"小井灌溉"模式在三江平原的推进,水田面积开始增加,这使得耕地面积再次快速增加,在五年内耕地的比例由 45.40％ 迅速增加至 48.16％,草地和水域面积基本保持不变,湿地面积略有减少,耕地的土地主要由林地垦殖而来。在 2000 年至 2005 年期间,这种以林地和湿地垦殖变为耕地的模式仍在继续,这五年三江平原的耕地面积占比由 48.16％ 增加至 51.17％,而林地和湿地的总和占比从 1954 年的 71.92％ 下降为 2005 年的 40.44％。可见三江平原在近 70年,由以林地和湿地为主的地区,已成为耕地面积过半的主要农场地区(见图 7.3)。

表 7.1　三江平原土地利用/覆被类型面积变化(1954～2005 年)　　(王宗明等,2004)

土地利用类型		耕地	林地	草地	水域	城乡工矿用地	未利用地	湿地
1954 年	面积/10⁴hm²	171.34	411.16	99.65	31.00	4.65	22.77	352.59
	占比/％	15.67	37.61	9.12	2.84	0.43	2.08	32.25
1976 年	面积/10⁴hm²	358.67	358.99	83.34	32.01	17.40	0.26	223.06
	占比/％	33.40	33.43	7.76	2.98	1.62	0.02	20.77
1986 年	面积/10⁴hm²	452.49	372.81	74.80	27.81	21.32	0.13	138.93
	占比/％	41.58	34.26	6.87	2.56	1.96	0.01	12.77
1995 年	面积/10⁴hm²	494.05	385.11	41.08	28.24	22.27	0.21	117.34
	占比/％	45.40	35.39	3.77	2.59	2.05		10.78
2000 年	面积/10⁴hm²	524.09	360.44	42.06	28.22	22.24	0.14	112.21
	占比/％	48.11	33.09	3.86	2.59	2.04	0.01	10.30
2005 年	面积/10⁴hm²	556.88	344.23	42.00	28.02	21.14	0.14	95.87
	占比/％	51.17	31.63	3.86	2.57	1.94	0.01	8.81

图 7.3　现三江平原地貌特征

7.2　三江平原开垦对露水凝结的影响

　　三江平原经历了下垫面的剧烈变化,下垫面由湿地天然植物变为大豆或水稻等农田作物,由湿地近地表水环境变为施用化肥、农药等化学品的土地或田面水,这个过程将影响下垫面的水汽凝结过程、露水化学组分和露水的水汽来源。本节重点讨论三江平原从湿地开垦为旱田,再由旱田转变为水田的过程中,露水凝结次数、露强度、露水量发生的变化,分析湿地和农田露水的化学组分变化趋势。依据湿地和农田露水的氢氧同位素含量,阐明土地利用变化后叶片水水汽来源的差异。结果表明,露水在湿地和农田生态系统中的出现次数无显著性差异,即土地利用方式的改变不会影响水汽凝结的频率;在露水出现最浓重的季节,湿地和水田露水凝结的强度显著高于旱田;湿地开垦为旱田后,露水量基本没有变化,而旱田变为水田后露水量增加两倍左右。水田露水中的营养物质(有效态氮磷)含量低于湿地,从水质角度而言,湿地变为水田后,露水水质趋于"贫化";湿地叶片水中的 $\delta^{18}O$ 和 δD 总体高于水田叶片水,湿地叶片水绝大部分是由地表积水、雨水蒸发水汽再次冷凝而成,水田叶片水中作物吐水的占 30%,田面水、雨水蒸发水汽再次凝结的露水占 70%。由上可见,人类活动改变了近地表水分运移的过程,目前水田的地貌特征加强了水汽的凝结作用,加大了水分的输入项。本节的结果从另一个角度揭示了人类的活动对局部物质循环的影响程度。

7.2.1　露日

2010 年 5～10 月每日对三江平原湿地、水田及旱田的露日监测,图 7.4 为 2010 年湿地和农田生态系统的各月露日数。由图可知,9 月农田和湿地生态系统水汽凝结次数最频繁,水田和湿地的露日均为 23 天。10 月中下旬温度快速下降至 0℃,由"露点"转为"霜点",不在研究的范围内,因此露日数较少。三江平原雨热同期,7 月、8 月雨季降水频繁,夜间降雨次数分别为 12 次和 14 次。可见研究区内湿地和农田生态系统在 7 月、8 月、9 月除雨天外,非雨日基本每日均有露水凝结。8 月农田和湿地露日数相同,其他月份略有差异。总体而言,湿地植物、水田和旱田的露日数没有显著性差异($P>0.05$)。由此可知,湿地开垦为农田之后,对露水的凝结次数影响不明显。

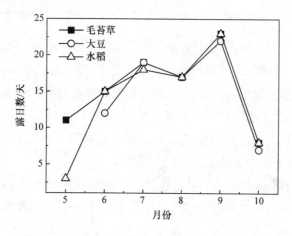

图 7.4　2010 年湿地和农田生态系统各月露日数

7.2.2　露水强度

2010 年 5～10 月每日监测湿地、水田及旱田的露水强度(见图 7.5)。从季节角度而言,除大豆地露水强度各月无显著性差异外,湿地 8 月的露水强度显著高于 5 月、6 月和 7 月($P<0.05$);水田 8 月的露水强度显著高于 7 月和 9 月($P<0.05$)。可见,8 月是三江平原湿地和水田区最适合露水凝结的时段,季节的差异对旱田水汽凝结的强度几乎没有影响。

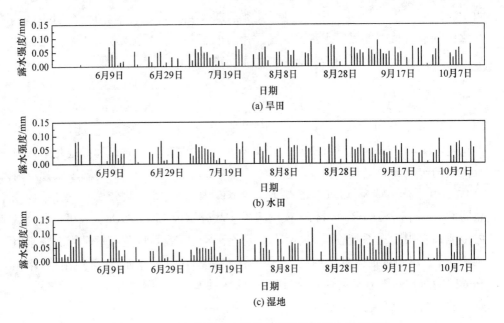

图 7.5　2010 年湿地和农田生态系统各月露水强度变化

　　相同月份、不同下垫面水汽凝结强度差异明显,8 月湿地和水田的露水强度显著高于旱田($P<0.05$),9 月湿地露水强度显著高于水田($P<0.05$)。5 月、6 月、7月和 10 月湿地和农田生态系统的露水强度无显著性差别($P>0.05$)。在大气相对湿度较高时,水汽更易于凝结于有地表积水的湿地或水田生态系统,在相对干旱的季节,湿地和农田的露水强度相差无几。总体而言,三江平原的土地利用变化对露水凝结的强度影响不显著。

　　下面从影响露水凝结的气象因素讨论农田和湿地水汽凝结的差异。图 7.6为 2010 年 9 月 13 日 18:00 到 9 月 14 日 5:00 三江平原湿地及农田的气温和相对湿度变化,监测间隔为 10min。9 月 13~14 日湿地、水田和旱田的露水强度分别为 0.045mm、0.037mm 和 0.041mm,无显著差别。9 月 13 日三江平原日出时间为 4:39,日落时间为 17:24。由图可知,农田和湿地空气温度变化趋势基本相同,日落后由 20℃缓慢降温至 14℃,日出之后逐步回升至 16℃。从日落至 22:30 农田和湿地温差不明显,22:30 后湿地生态系统降温明显。相对湿度在农田(水田和旱田)和湿地间存在差异,结合图 7.6 可知湿地生态系统湿度大,温度低,具有"冷湿效应",因此最易于露水凝结(见图 7.7)。水田相对湿度高于旱田,但由于水田中积水比热容较大,在日落后降温较慢,影响了露水凝结的必备条件(见图 7.8)。旱田在日落后随着地表的迅速降温,水汽易于达到凝结条件,延长了露水的凝结时间,9 月 13～14 日夜间水田和旱田平均气温分别为 16.84℃和 16.81℃,因此尽管水田的相对湿度高于旱田,但在地表气温的影响下,旱田露水强度略高于水田。综合湿地与农田的气象因素可知,露水的凝结强弱没有差异。

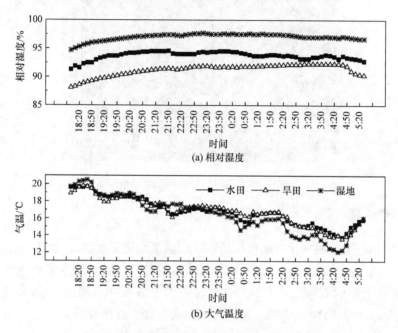

(a) 相对湿度

(b) 大气温度

图 7.6 三江平原各群落 2010 年 9 月 13 日 18:00 至
9 月 14 日 5:00 露点温度和相对湿度变化

图 7.7 湿地生态系统露水凝结情况

图 7.8　水田生态系统露水凝结情况

7.2.3　露水量

　　土地利用类型的变化对水汽凝结频次和强度均无显著影响,但对露水量的影响明显。图 7.9 为 2010 年三江平原各土地利用类型 LAI 和露水量变化。由图可知,湿地或农田的露水量均在 8 月达到峰值后逐渐下降,其中水田露水量显著高于湿地和旱田,LAI 是决定露水量的关键因素。如 8 月的水稻露水量和毛苔草露水量分别为 11.03mm 和 3.83mm,露水强度没有显著性差异($P>0.05$),LAI 的变化趋势决定了月露水量的变化。经计算,毛苔草、大豆和水稻的露水量分别为

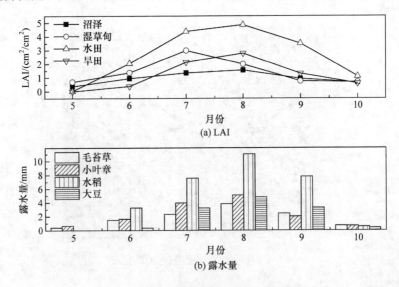

图 7.9　2010 年各土地利用类型 LAI 和露水量变化

11.12mm、11.98mm 和 30.18mm。三江平原湿地的 LAI 一般为 1.17～3.05,水稻的 LAI 一般为 2.0～9.0,玉米和大豆的 LAI 一般为 1.0～5.0。可见水稻的 LAI 明显高于同期旱田和湿地,在露水强度相近时,茂密的水稻叶片为露水凝结提供了更多受体,导致单位土地面积上的年露水量高于其他土地利用方式(见图 7.10)。

　　2008～2010 年三江平原湿地和农田生态系统的露水量如图 7.11 所示,连续 3 年的观测表明,各土地利用类型的年露水量基本稳定,水田露水量最多,年露水量在 30mm 左右。水田露水量是湿地的 2～4 倍,旱田的 2～3 倍。由此可知,湿地开垦为旱田后,露水量基本没有变化,而旱田变为水田后,露水量增加到旱田的 2～3 倍左右。

图 7.10　密集生长的水田作物

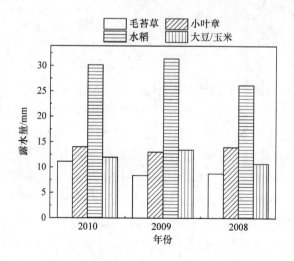

图 7.11　2008～2010 年各群落露水量变化

7.2.4　露水水质

下垫面的变化不仅影响水汽凝结量,也明显影响露水水质。为对比三江平原土地利用变化对露水水质带来的影响,采集并分析测试湿地与水田露水中有效态氮和磷的含量。由图 7.12 可知,湿地露水中的效态氮和磷含量均高于水田露水,这是由于水田或湿地露水的主要水汽来源为地表积水蒸发水汽的冷凝。露水的采样期集中于 7~9 月,水田灌溉水来源于地下水,水田积水中氮和磷主要为化肥施用的输入,尽管水田积水在 5 月施肥后氮和磷含量较高,但 22.2%~46.1% 氮和磷元素被水稻吸收(韩晓增等,2003),还有约 30% 左右的氮素以气体形式挥发出去,在水稻吸收营养元素后,水田积水中有效态氮和磷的含量下降迅速,且三江平原地区水稻只采取喷洒叶面肥的方式追肥,同期雨水不断补给水田积水,水田积水不再有氮和磷补给来源,因此水田积水中的有效态氮和磷含量在采样期间较低。此外,三江平原沼泽湿地植物残体的分解,使枯体中的氮和磷发生矿化作用释放到湿地中,部分农田积水会侧渗到沼泽中,常年累积也使沼泽湿地中氮和磷含量升高,导致湿地积水比水田积水中有效态氮和磷含量高。

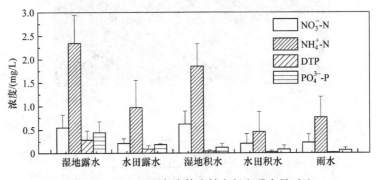

图 7.12　三江平原各水体有效态氮和磷含量对比

由图 7.12 可见,露水中的可被植物吸收利用的溶解性总磷(DTP)和 PO_4^{3-}-P 均高于地表积水中的含量,湿地积水和湿地露水中的 NO_3^--N 含量接近,雨水、水田积水和水田露水中的 NO_3^--N 含量接近,但均略低于湿地积水和湿地露水。此外,无论是湿地还是农田,露水中的 NH_4^+-N 均高于积水或田面覆水,水田露水和湿地露水中的 NH_4^+-N 含量均约为水田积水中的 2 倍。这说明无论在湿地还是农田中,氮的挥发作用是比较明显的,在农田系统中更为显著。综上所述,湿地垦殖为农田后,露水中的有效态氮和磷的含量降低;无论是农田还是湿地,露水中的氮和磷含量均高于当地雨水,可见,就浓度而言,露水比雨水可为湿地植物和农田作物提供更多的营养元素。

7.2.5 叶片水水汽来源

近年来,通过测定稳定同位素获取水循环内部过程信息的方法已日趋成熟,应用比较广泛的是氢和氧稳定同位素。氢和氧的同位素有稳定和放射性两种类型,其中氧的稳定同位素 ^{18}O 和氢的稳定同位素 D 广泛存在于自然界的各类水体(地下水、降水、地表水等)中。在地球水循环过程中,氢和氧的稳定同位素也随之进行转化,在地表水、土壤水和植物水间不断循环。水在自然界中的存在形式多种多样,在其蒸发和冷凝的过程中,氢和氧的同位素会发生同位素的分馏现象。例如,在水的蒸发过程中,水中较轻的同位素会首先逸散到系统外,较重的同位素会留在系统中。因此,不同的水体由于其形成方式和时间的差异,具有不同的同位素特征值,可以作为示踪元素揭示水循环内部具体信息,利用不同水体间同位素含量的差异,追踪它们之间的相互联系和转化过程。应用同位素质量守恒规律(质量平衡方程),计算混合水样不同补给来源的贡献率已被广泛应用,王杰等(2007)、Lee 等(1999)采用该方法计算了当地地下水各补给水源的比例。也可按此方法得出露水不同水汽来源所占的比例,有研究认为我国西双版纳地区森林露雾水的水汽来源主要是池塘、河流、土壤蒸发的水汽和植物呼吸作用产生的水汽(刘文杰等,2006)。但这些研究仅处于定性分析阶段,而对露水来源的定量分析还鲜见报道。

本节通过测定 $\delta^{18}O$ 和 δD 研究叶片水、露水、地表水体、雨水间的水力联系,确定湿地和水田生态系统植物/作物叶片水的水汽来源。根据同位素质量守恒规律,计算得到雨季水田叶片水中约 30% 的水分来自水稻蒸腾和作物吐水,约 70%来源于空气中水汽和田面水、雨水蒸发的水汽的再次凝结(露水);湿地植物叶片水主要由地表积水及雨水蒸发水汽冷凝而成。露水与雨水中氢氧同位素变化规律的一致性,说明露水可反映降雨水汽来源变化信息。同时土地利用变化引起的下垫面水体 $\delta^{18}O$ 和 δD 变化导致湿地露水 $\delta^{18}O$ 和 δD 总体高于水田露水。本节的研究成果将稳定同位素方法应用于区分叶片水水汽来源,对进一步认识露水的凝结过程和影响因素有重要意义。

1. 样品收集与计算方法

根据瑞利同位素分馏原理,分馏还与当时的环境温度、湿度有关(胡海英等,2007a),水中的稳定同位素每次蒸发、冷凝均会发生同位素分馏,为保证叶片水各组成成分在相同环境和条件下得以区分,必须同时获取同一地点各部分数据,采集对应的一组样品进行分析。同位素混合比例式为

$$\delta_{sample} = X\delta A + (1-X)\delta B \qquad (7.1)$$

式中,X 为 A 型水与 B 型水的混合比例;δ_{sample} 为混合样品中同位素 δD 或 $\delta^{18}O$ 值;δA 为 A 型水的同位素 δD 或 $\delta^{18}O$ 值;δB 为 B 型水的同位素 δD 或 $\delta^{18}O$ 值。

根据上述公式,需要采集叶片水(混合样品),作物部分提供的作物蒸腾和叶尖吐水凝结水(A 型水),即作物/植物自身来源,外界部分提供的地表水蒸发水汽和雨水蒸发水汽等再次凝结的露水(B 型水),即外界来源。利用同位素质量守恒规律计算混合水样不同来源的贡献率,其根本在于采集混合样品和各来源样品,故只要将叶片水及各水汽来源分别采集并测定 $\delta^{18}O$ 和 δD,便可确定各水源的补给比例。植物/作物吐水部分收集较为困难,且地表积水在不同温度和湿度条件下蒸发所引起的同位素分馏程度不同,故试验采取原位采集法。

选取 2009 年露水浓重的雨季(7 月)进行叶片水不同来源的样品采集。在日落后 30min 用自封袋将植物罩住,下端系紧,防止袋内植物蒸腾水汽的泄漏和外界水汽的进入。用洁净塑料布将作物与外界隔离,在日出前 30min 收集塑料布外侧的凝结水即露水的外界来源部分,也就是露水(包括地表积水蒸发水汽、雨水蒸发水汽等)冷凝部分(见图 7.13)。在收集自封袋内水汽前摇晃作物根部,目的是使叶片上水滴落下,此时自封袋内水滴为吐水部分(夜间作物排出水汽与叶尖吐水蒸发的水汽凝结混合物)(见图 7.14)。所有样品均移入 50mL 的塑料瓶内,集满后密封。所采集水样均在冷冻室低温保存,样品中氢氧稳定同位素在中国科学院地质与地球物理研究所由 Finnigan MAT253 同位素质谱仪测定,δD 和 $\delta^{18}O$ 测量精度分别为 $\pm 1‰$ 和 $\pm 0.3‰$。测得的水样中氢氧同位素含量为与 Vienna"标准平均大洋水"(VSMOW)的千分差。

图 7.13　露水样品收集过程

图 7.14　植物吐水收集

2. 水田和湿地生态系统叶片水水汽来源解析

本节对比不同水体氢氧稳定同位素的特征值可揭示水汽运移的规律。由各水体氢氧同位素特征值(见表 7.2)和图 7.15 可知,湿地积水和湿地叶片水中 $\delta^{18}O$ 和 δD 总体高于水田积水和水田叶片水,湿地叶片水中 $\delta^{18}O$ 和 δD 略低于湿地积水,而水田叶片水中 $\delta^{18}O$ 和 δD 高于水田积水雨水蒸发水汽稳定同位素含量接近,造成湿地和水田叶片水 $\delta^{18}O$ 和 δD 的微小差别是由湿地积水和水田积水中稳定同位素的差别引起的。水田积水主要来源于抽取的地下水和雨水,湿地主要由融雪积水及雨水补给。研究表明,夏季湿地蒸发量高于水田(张芸等,2005b),导致湿地积水中 $\delta^{18}O$ 和 δD 高于田面水。因此,土地利用变化引发的下垫面水体不同决定了露水中氢氧同位素的差异。

表 7.2　2009 年三江平原各水体同位素特征值

类型	$\delta D/‰$			$\delta^{18}O/‰$		
	平均值	最小值	最大值	平均值	最小值	最大值
雨水	-72.1 ± 8.6	-78.6	-57.8	-9.3 ± 1.0	-10.3	-7.8
湿地叶片水	-70.1 ± 11.9	-87.4	-48.8	-9.5 ± 1.6	-12.1	-6.2
水田叶片水	-73.7 ± 10.5	-88.0	-61.7	-10.0 ± 1.6	-12.0	-7.8
湿地积水	-66.9 ± 7.6	-79.4	-52.7	-9.4 ± 1.6	-11.4	-6.5
水田积水	-83.0 ± 6.8	-90.5	-70.8	-11.9 ± 1.6	-13.4	-8.6

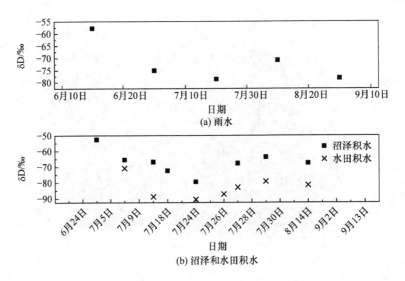

图 7.15　2009 年三江平原各水体 δD 变化

由表 7.2 可知,雨季水田叶片水中 $\delta^{18}O$ 和 δD 介于作物自身吐水和露水之间,由此判断水田叶片水为作物吐水和露水混合后冷凝而成。湿地植物吐水以及植物蒸腾作用产生的水汽未收集到,湿地叶片水中 $\delta^{18}O$ 和 δD 略低于湿地积水,故推测湿地植物叶片水主要为空气中水汽(即地表积水、雨水蒸发的水汽)再次冷凝的露水。

在水体蒸发过程中,轻的水分子 $H_2^{16}O$ 比包含有一个重同位素的水分子($H_2^{18}O$ 或 $HD^{18}O$)更为活跃,率先从液相中逃逸,这样水蒸气富集 H 和 ^{16}O,导致剩余水体中 $\delta^{18}O$ 和 δD 升高(胡海英等,2007b)。故蒸发水汽中氢氧同位素比地表水体中低,导致湿地叶片水中 $\delta^{18}O$ 和 δD 略低于湿地积水,而水分在被植物根系吸收和从根向叶移动时不发生氢氧同位素分馏(段德玉和欧阳华,2007),故作物吐水部分未经过同位素分馏或只有微弱分馏,导致水田露水中 $\delta^{18}O$ 和 δD 高于水田积水 $\delta^{18}O$ 和 δD。这进一步验证了水田叶片水由积水、雨水蒸发与作物吐水混合而成,而湿地植物叶片水以积水、雨水蒸发水汽冷凝的露水为主。

各水体 $\delta^{18}O$ 和 δD 变化如图 7.16 所示。6 月末至 8 月末叶片水中 $\delta^{18}O$ 和 δD 值总体变化趋势呈 V 形曲线,7 月中旬达到最低值,9 月初 $\delta^{18}O$ 和 δD 值有下降趋势。由图 7.16 可知,在湿地积水、水田积水及雨水中 $\delta^{18}O$ 和 δD 也有相同的变化趋势,这是由于降水是三江平原湿地重要的补给水源,降水中 $\delta^{18}O$ 和 δD 的变化可影响湿地积水及水田积水中氢氧同位素的波动(张芸等,2005b)。叶片水与地表水、雨水中的 $\delta^{18}O$ 和 δD 变化趋势的相似性表明叶片水很大程度上取决于地表水及雨水蒸发后的水汽(即露水),间接证明露水与地表水体及雨水间密切的水力联系,地表水和雨水的蒸发水汽再次凝结是叶片水的重要组成部分。

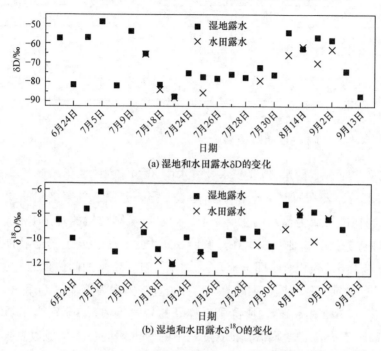

(a) 湿地和水田露水 δD 的变化

(b) 湿地和水田露水 $\delta^{18}O$ 的变化

图 7.16　2009 年各群落露水 $\delta^{18}O$ 和 δD 变化

　　利用水稻叶片水、作物吐水及地表积水蒸发补给部分中的 δD 和 $\delta^{18}O$,通过线性混合模型,计算各来源的补给比例。由表 7.3 可见,叶片水来源中由作物吐水作用提供的水汽成分约占 30%,大气水汽及地表积水蒸发再次冷凝水约占 70%。这与 Luo 和 Goudriaan(2000b)的研究结果略有差异,菲律宾水稻吐水量与其他露水组成成分基本持平。这是由不同地区天气与作物生长情况的差异引起的,水稻体内的水分可以不断地通过气孔排出体外。当外界温度高、气候比较干燥时,从气孔排出的水分就很快蒸发。如果外界的温度很高、湿度又大,高温使根的吸收作用旺盛,湿度大抑制了水分从气孔中蒸腾散失,此时水分直接从叶表气孔中以吐出形式溢出。不同地区气温、相对湿度、水稻品种的不同,都可能影响根部的吸水作用,进而造成植物吐水部分在露水中所占比例存在差异。有吐水现象的植物主要有水稻、小麦、高粱、玉米等禾本科植物,水稻比湿地植物(毛苔草)吐水现象明显,这是水汽来源差异的原因之一。无论是湿地还是水田,外界水汽凝结的露水均为叶片水的主要水汽来源,故露水是湿地和农田生态系统重要的水分输入项。

表 7.3　水稻叶片水及各补给来源 δ¹⁸O 和 δD 值和补给比例　（单位：‰）

时间	叶片水		作物吐水		露水	
	δD	$\delta^{18}O$	δD	$\delta^{18}O$	δD	$\delta^{18}O$
7 月 12 日	−65.6	−8.9	−72.0	−10.5	−62.7	−7.8
7 月 18 日	−83.9	−11.8	−69.3	−8.9	−88.8	−12.8
7 月 20 日	−88.0	−12.0	−67.1	−8.6	−90.5	−13.4

3. 露水中 $\delta^{18}O$ 和 δD 的影响因素

由图 7.16 可知，雨水、地表积水及露水中 $\delta^{18}O$ 和 δD 变化趋势基本相同，这是由于雨水是地表水的重要补给来源，地表水虽不是露水的直接来源，但地表水蒸发水汽再次凝结成为露水的重要来源。雨水氢氧同位素的变化引起地表积水同位素含量的变化后，地表积水在蒸发形成露水过程中会发生同位素的分馏，但这种分馏作用与地表积水长期蒸发、混入雨水等过程带来的同位素的变化趋势相比较为微弱，故地表积水同位素的改变趋势会直接体现为露水 $\delta^{18}O$ 和 δD 的变化趋势（见图 7.15 和图 7.16）。所测雨水样品的氘过剩值（d）分别为 4.18、4.16、3.46 和 7.71。d 值反映了降水形成过程中的水汽团同位素组成以及形成暖湿气团区等重要信息，d 值的变化不一致反映了水汽团的多样性（卫克勤和林瑞芳，1994）。三江平原受季风影响，2008 年和 2009 年 6 月、7 月主要风向为东风（E），8 月、9 月主要风向为东南风（SE）（见图 7.17）。降水中稳定同位素组成沿水汽运移方向逐渐降低（郑琰明等，2009），6 月和 7 月降水水汽来源方向基本一致，8 月和 9 月来源以东南风为主。在相同来源的水汽影响下，$\delta^{18}O$ 和 δD 沿降水途径不断降低，因此 9 月 $\delta^{18}O$ 和 δD 再次降低。综上所述，降雨水汽来源的迥异导致雨水中 $\delta^{18}O$ 和 δD 变化，直接使地表积水中 $\delta^{18}O$ 和 δD 发生波动，间接影响露水中 $\delta^{18}O$ 和 δD。由此可知，露水中的氢氧同位素反映了降水水汽来源不同的信息。通过对研究区雨水、湿地和水田积水、露水样品中 $\delta^{18}O$ 和 δD 研究，发现不同水汽来源的雨水直接影响地表水中氢氧同位素的波动，间接决定了露水中 $\delta^{18}O$ 和 δD 的变化，故露水中的稳定同位素变化暗含了雨水水汽来源差异性的信息。

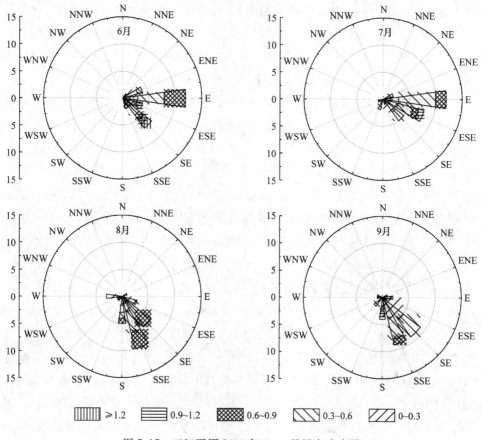

图 7.17　三江平原 2009 年 6～9 月风向玫瑰图

7.3　不同生态系统的露水量

露水凝结的影响因素复杂,季节、土质、区域、气象条件、地下水埋深等条件的变化均会改变水汽凝结的过程,不同下垫面露水的水量差异明显,本节对比世界各地和我国开展露水监测地区的露水强度和露水量,无论是温暖湿润的森林或农田生态系统,或是干燥寒冷的草原或沙漠生态系统,在适宜的条件下,水汽均可以在夜晚凝结于地表。在不同的下垫面条件下,露水量差别大,露水每年为森林生态系统提供近 90mm 的水分,在沙漠中的凝结量不足 10mm。目前,相对于其他气象因子,露水的监测范围还很有限,鉴于露水重要的生态作用,应该在更多典型地区,如高原或山区开展露水的监测,补充对该部分水汽沉降研究的空白。

对于任一生态系统,露水都是重要的水分输入项,由表 7.4 可知,在国内外不同生态系统已经开展了广泛的露水监测,全球范围内沙漠地区、岛屿地区、热带雨林地区、农田地区、城市地区均在不同程度上有水汽的凝结现象,各生态系统露水凝结情况各异,露水强度由高至低依次为森林生态系统、农田生态系统、沙漠生态系统、城市生态系统、岛屿生态系统、湿地生态系统和草原生态系统。

　　森林生态系统的露水强度及年露水量远高于其他生态系统,是露水极易形成的地区。热带雨林地区植物茂密,植物蒸腾作用强烈、湿度高,平均夜间群落各林冠层截留的露水总量可达 1.36mm,其中最高层林冠层截留露水量最多(0.67mm),最下层林冠层截留露水量最少(0.28mm)(刘文杰等,2001)。农田生态系统水田和旱田露水量差异明显,水田露水量显著高于旱田,不同旱田作物品种间露水量同样存在差异,例如,小麦地和玉米地的露水强度分别为 0.21mm 和 0.13mm。沙漠生态系统日夜温差较大,在夏秋两季易形成凝结水。沙漠地区凝结水是当地仅次于雨水补给地下水的重要来源,约占降水补给的 10%。城市生态系统中各功能区露水量差异明显,Ye 等(2007)监测发现广州市森林公园、商业区、居民区和工业区绿地日露水强度分别为 0.034mm、0.013mm、0.009mm 和0.022mm;Richards(2004)发现温哥华市区与市郊地区的露水发生频率较接近,市区草地与市郊地区每晚的凝结量是 0.11~0.13mm,市区平均每天的凝结量为0.07~0.09mm(Richards,2005)。对摩洛哥城市屋顶露水收集,每年可分别为家庭提供 18.85mm 的饮用水(Lekouch et al.,2012),可见城市露水量非常可观。城市生态系统年露水量是湿地区域的 2 倍以上,尽管城市露水强度弱于湿地,但城市中绿化区平均叶面积指数(5.0)显著高于湿地(1.3),导致城市年露水量较高。

表 7.4　不同生态系统露水量

类型	研究地区	夜露水量/(mm/d)	年露水量/(mm/a)	文献
城市	长春市	0.008~0.23 0.098(均值)	23~25	徐莹莹等,2017
	广州森林区	0.034(均值)	—	
	广州工业区	0.022(均值)	—	Ye et al.,2007
	广州商业区	0.013(均值)	—	
	广州居民区	0.009(均值)	—	
	温哥华市区	0.07~0.09	—	Richards,2002,2005
	温哥华郊区	0.11~0.13	—	Richards,2004
	摩洛哥		18.85	Lekouch et al.,2012
	三江平原水田	0.03~0.13	26.2~31.4	徐莹莹等,2011a
	三江平原大豆田	0.01~0.09	10~15	阎百兴等,2010

续表

类型	研究地区	夜露水量/(mm/d)	年露水量/(mm/a)	文献
农田	美国 Iowa 州玉米地	0.01~0.60	—	Erik et al.，2009
	美国 Iowa 州大豆地	0.003~0.800	—	
	菲律宾 Los Banos 地区水田	0.041~0.218	—	Luo and Goudriaan，2000b
	栾城小麦地	0.21	—	Wen et al.，2012
	栾城玉米地	0.13	—	
岛屿	法国 Ajaccio 岛	0.036~0.070	8.4~9.8	Beysens et al.，2005
	法国 Polynesia 岛	0.068(均值)	5.58(均值)	Clus et al.，2008
	克罗地亚 Dalmatian 海滩沿岸	0.001~0.592	9.3~20.0	Muselli et al.，2009
沙漠	以色列 Negev 沙漠	0.1~0.3	—	Jacobs et al.，2000
		0.10~0.21	—	Kidron，1999
	印度 Kothara 沙漠	0.10~0.21	6.3~8.9	Sharan et al.，2007
	中国兰州	0.004~0.240	—	Li，2002
	美国东北部 Nevada 州	0.022~0.250	14(估值)	Malek et al.，1999
	美国西部 Utah 州		29(估值)	
热带雨林	西双版纳	1.36	89.4	刘文杰等，2001，2003
湿地	三江平原	0.02~0.12	8.4~11.12	Xu et al.，2012
草原	青藏高原	0.002~0.22	—	He and Richards.，2015
	青藏高原退化草场	0.05	—	
	中国栾城	0.10	—	Wen et al.，2012

　　表 7.5 为我国已经开展露水监测的研究区,我国最早在沙漠地区开展露水研究,之后陆续在农业、森林、湿地、草原及城市生态系统开展了一系列观测,但尚未在岛屿生态系统开展露水的研究工作。由图 7.18 可知,西双版纳热带雨林地区的露水强度和露水量均为全国最高的地区,水田和湿地生态系统也较适宜露水凝结,而在干旱的北方草原、沙漠地区和城市生态系统中,露水凝结的强度较低,年露水量也较少。

表 7.5　中国已开展的露水监测研究区

样品号	地点	经纬度
1	新疆塔里木盆地	44.5°0′N,85°0′E
2	陕西杨陵区二道源及一道源麦田	34°16′N,108°04′E
3	云南西双版纳地区茶园	22°10′N,100°55′E
4	云南西双版纳热带雨林	21°56′N,101°15′E
5	甘肃省皋兰生态和农业研究站	36°13′N,103°47′E
6	新疆天山北麓三屯河流域昌吉	44°03′N,87°20′E
7	三江平原沼泽湿地生态试验站	47°35′N,133°31′E
8	内蒙古锡林郭勒草原	43°56′N,116°32′E
9	内蒙古库布齐沙漠	40°0′0″N,108°0′0″E
10	新疆罗布泊干盐湖	40°44′37″N,90°57′26″E
11	广东广州市和从化市	23°33′N,113°35′E
12	宁夏沙坡头沙漠试验站	37°27′N,104°57′E
13	三江平原农田试验站	47°35′N,133°31′E

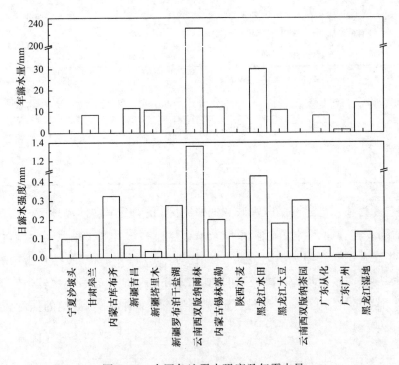

图 7.18　全国各地露水强度及年露水量

第8章 雾霾对露水凝结的影响

城市经济的快速发展,大气污染问题也日益突出,煤炭燃烧、工业废气、机动车尾气等气体排放使空气中的飘尘(粒径小于等于 $10\mu m$(PM$_{10}$))及微尘(粒径小于等于 $2.5\mu m$(PM$_{2.5}$))含量不断增加。在相对湿度高且近地表存在逆温现象时,大气中的水汽协同较高浓度的颗粒物极易产生雾霾天气。雾霾形成后会使到达地面的辐射减少,大气层节稳定度增加,有利于气溶胶的不断累积、凝结核增长。由于近地表空气中颗粒物等对人体健康影响更为直接和强烈,欧美流行病学的专家通过近 10 年来的监测研究发现,可吸入性颗粒物 PM$_{10}$ 及可入肺颗粒物 PM$_{2.5}$ 与呼吸疾病的发病率存在紧密的联系,在颗粒物浓度较高的季节,呼吸科的就诊率激增,他们认为大气中的颗粒物是导致呼吸器官疾病发病的重要因素之一(Claeson et al. ,2013)。人为气溶粒子不仅对雾霾有贡献,还作用于露水的形成。雾霾形成于大尺度空间范围,露水凝结集中在地表人类呼吸范围高度,受大气相对湿度、温度、颗粒物浓度等条件影响,下垫面雾、霾与露水间可相互转化。露水作为湿沉降过程,凝结时以固态颗粒物为凝结核,大气中的气体和液态颗粒物可以溶解到露水中,对空气中颗粒物可以起到自然净化作用。

露水水质受控于大气空气质量,颗粒物类型和浓度差异可能对水汽凝结过程产生影响,尤其在雾霾天气发生时,大气相对湿度增加,能见度和空气质量迅速下降,雾霾天气前后露水水质可能差异较大,特别是 NH_4^+、NO_3^-、SO_4^{2-} 等,它们是影响大气能见度的重要颗粒物类型,因此露水的清除作用可以在一定程度上改善下垫面的能见度。此外,露水在蒸发过程中,其中的 NH_4^+、NO_2^- 经反硝化反应可转化为 N_2 和 H_2O,露水是去除大气二次颗粒物(硝酸盐、硫酸盐和铵盐)的有效途径。

在热岛效应和浑浊岛效应的共同影响下,城市相对湿度、温度、风速、颗粒物浓度等条件直接影响露和雾霾形成的频次、持续时间与发生强度。在雾霾日益严重的区域深入开展城市露水强度以及雾霾发生次数及程度对露水凝结的影响十分必要。此外,露水形成与近地表的气象要素及颗粒物质量浓度紧密相关,不同生态系统影响露水凝结的因素差别较大,尤其是城市生态系统中,不同功能区人口、林草覆盖度、空气质量等情况差异明显,影响水汽凝结的因素复杂,应进一步探索城市气象条件及大气颗粒物特征与露水形成的深层关系。

　　本章以 2013~2015 年长春市雾霾天气和日常天气的露水量、露水水质、大气颗粒物质量浓度及相关气象因子为主要研究指标,确定影响城市露水凝结的影响因素;揭示露水凝结的时空变化,阐明雾霾对城市露水强度的影响程度;辨析露水凝结核的类型和来源,通过雾霾前后露水水质变化,分析气象条件及大气颗粒物质量浓度改变对露水凝结的影响,定量评价露水凝结过程对近地表不同粒径大气颗粒物的清除贡献。本章探讨城市发展过程对小气候水循环的影响,为城市空间结构的合理布局与景观规划提供技术支撑;研究雾霾与露转化条件及露水去除颗粒物的作用,为制定治理雾霾天气及改善城市空气质量方案提供理论依据。

8.1　雾霾与露水

　　空气中充足的水汽和凝结核是雾、霾和露水出现的必备条件。在空气中相对湿度较低时,不会出现雾霾或露水凝结等现象。在空气中相对湿度偏高,但没有颗粒物时,即使周边的温度远低于露点温度,也不会出现水汽凝结现象。例如,在北极圈内,空气中的湿度高、温度低,但由于大气中没有颗粒物,因此观察不到有雾或露的存在。雾霾与露水出现的气象条件和时间段相似,雾霾期间“逆温”与“逆湿”的主要气象特征,为近地表水汽的凝结提供了充分必要条件,露水凝结过程中以细小的气溶胶作为凝结核,可见雾霾与露水时常相伴发生。本节结合雾和霾天气出现时间及其成因,分析雾霾天气的特征及出现条件,阐明露水和雾、霾天气的关系。

8.1.1　雾与霾的特征

　　雾霾是“雾”与“霾”这两种天气现象的组合词,因为出现雾霾天气时,能见度降低,故将阴霾天气与雾天气统称在一起,作为一种灾害性天气。随着空气质量的不断恶化,雾霾天气出现频率越来越高。雾与霾之间既有联系,又有区别。雾是由大气中的细小颗粒物吸收水分后变成的小水滴或小冰晶组成的胶状系统,有雾存在时,大气中的相对湿度一般高于 90%,近地表的能见度迅速下降,一般低于10km。雾经常呈乳白色或青白色,在夏季的雨后或秋冬季,是极易形成雾的季节。雾天气条件下的城市生态系统如图 8.1 所示。

　　霾也称灰霾或烟霞,霾与雾的形成条件类似,区别在于相对湿度,当大气中的相对湿度在 80% 以下时,会形成霾天气。雾与霾的颗粒物种类复杂多样,一般有灰尘、无机酸、有机碳氢化合物等粒子。由于颗粒物的种类不同,霾形成的颜色有

图 8.1 雾天气条件下的城市生态系统

差异,有时为红棕色,有时呈青白色。霾并不是近年才有的气象天气,在我国古代就有关于霾天气的文字记载,古代的霾只是一种正常的天气现象,霾的出现仅与气象因素相关,出现次数非常少。近十年来,霾已经不再只受气象因素的控制和主导,近代霾的出现是因为人为对大气环境的破坏,加速了霾的出现频次和持续时间。霾天气条件下的城市生态系统如图 8.2 所示。

图 8.2 霾天气条件下的城市生态系统

8.1.2　雾霾的发生条件

由于空气质量的不断恶化,雾霾天气出现频率越来越高,我国多地城市空气严重污染爆表,气象因素、二次污染物和大气颗粒物传送等方面决定了我国 80% 以上的雾霾天气出现于秋冬季节,即气象因素是重要外因,污染排放是核心内因。秋冬季节冷暖空气交替比较频繁,一旦冷空气比较弱且持续时间长,雾霾天气极易出现。当大气中的湿度较大时,水汽为颗粒物的吸湿增长提供了反应器,使 $PM_{2.5}$ 浓度迅速激增。机动车污染、扬尘污染及工厂排放挥发性有机物、工业粉尘及露天焚烧秸秆,使大气中颗粒物的来源复杂化,在逆温逆湿且静风的气象条件下,各种污染物叠加反应且不易扩散,加重了大气的污染程度。

1. 气象因素

静稳天气条件下,较高的空气湿度和大气环流共同助推雾霾天气的形成。当大气中的水汽充足时,大气中的气溶胶会充分吸湿,使自身的体积迅速膨胀至数倍以上,特别是相对湿度高于 90% 时,某些吸湿性能强的颗粒物(如来自机动车尾气、工业、扬尘、秸秆燃烧等过程)主要成分以硫酸盐、硝酸盐或铵盐为主,在特殊的气象条件下体积会膨胀到吸湿前的 8 倍左右。颗粒物在吸收了水分后,不容易扩散,特别是在"静稳"和"逆温逆湿"的气象条件下,颗粒物像一个罩子一样笼罩在地面上,这就是一些高排放量的城市或燃烧秸秆等的农村地区,雾霾频发的重要原因。由于人为排放的污染物已经远远超过了大气的环境容量,目前如果没有有效的降水或者冷空气过境,在秋冬季节我国的雾霾天气已经成为常态。

一般大范围雾霾天气主要出现在潮湿的地区或者在湿空气大气环流形势下,颗粒物有了水汽的供给,才能在特定条件下发生液化反应,促进雾霾天气的形成和维持。可见天气条件是雾霾天气出现最重要的外因,这就是污染物排放量固定的条件下,不是每天都会出现雾霾的原因。

2. 二次污染物

二次污染物是指人为或自然排放的污染物在大气中再次反应生成的新的污染物质。许多大气细颗粒物($PM_{2.5}$)均为经过复杂的物理和化学反应而形成的新粒子。二次污染物的"老化期"更长,更容易在大气中稳定存在。雾霾期间是二次污染物大量生成的阶段,因此在雾霾期间,我国许多城市采取机动车单双号限行或者工厂停工停产的措施,但雾霾情况仍然不见好转,这是因为有新生粒子不断生成。

3. 大气颗粒物的区域传送

雾霾的出现并不是个别城市或地区的局部气象灾害,雾霾形成时通常波及范围广,不是某一个城市的问题,而是区域性甚至全球性的环境问题。原因在于污染颗粒物在环流运动的过程中不断发生迁移,在传输过程中,颗粒物与水分子以及颗粒物之间的物理化学反应持续进行,产生"老化期"更长的新粒子,新粒子再与当地的污染物混合发生新的物质能量交换,使得雾霾事件频繁出现,且污染源趋于多样化和复杂化。

8.1.3　雾霾与露水的转化

雾霾与露水出现的气象条件相似,季节尺度和日尺度发生时间均有重叠,二者同时发生概率高。微风是雾霾和露水发生时的相同气象条件,张强和王胜(2007)和 Muselli 等(2002)等研究发现,露水形成时风速多小于 1m/s,96.7%的霾发生在日均风速小于 4m/s 的天气条件下。雾霾天气具有明显的季节性,80%的雾霾天气发生在秋冬,露水量在秋季达到峰值。露水的凝结时段从日落后一个半小时至日出前半小时,大气颗粒物质量浓度在 20:00~22:00 达到峰值,这些来源于近地表汽车尾气或工业排放沉降中的颗粒物,均为露水凝结和雾霾的形成提供了必要的凝结核。较高的相对湿度可以为露水的凝结和雾霾形成提供必要的水汽条件,雾霾与露水形成的差异主要在于大气相对湿度,在大气相对湿度在75%~80%时,易形成霾;相对湿度在 80%~90%时,易形成雾;当相对湿度高于90%时,水汽在地表形成露水。可见,雾霾与露水的形成随相对湿度的变化相互转化。

8.2　研究区雾霾事件与露水样品采集

8.2.1　研究区雾霾事件

研究区设立在吉林省省会长春市,长春工商业发展迅速,是中国汽车、光学、生物制药、轨道客车等行业的发源地,近年来空气污染问题日益突出。长春市雾霾天气呈现持续时间长、出现频次多的特点,研究区气压低、风速小,高空温度与地面温度差较小,形成静稳天气,气象条件不利于空气中污染物扩散,造成了$PM_{2.5}$浓度的较快积累。仅 2013 年长春市空气重度雾霾天数达 43 天,高于全国平均的雾霾天数 29.9 天。长春市雾霾出现频次也高于东北地区的沈阳和哈尔滨等城市,特别是 2013 年 1 月 6~13 日及 10 月 21~23 日,在城市周边各县市农民焚烧玉米秸秆、采暖燃煤排放和逆温气象条件的协同作用下,长春市空气质量指数达到重度污染量级,空气质量指数(AQI)达到 426,在全国空气污染指数最高的十个城市中排名第五,2013 年 10 月共出现 7 次雾霾天气事件,同时露水凝结现象也频繁发生,因此选取长春市作为研究区具有代表性。

8.2.2　雾霾分类标准及露水样品采集

根据中国气象局颁布雾霾天气标准,即以能见度和相对湿度的监测值进行区分,能见度低于 10km 为雾霾天气,其中相对湿度≥90% 为雾天,低于 90% 为霾天;能见度大于 10km 为正常天气。在此基础上进行划分,2015 年长春市凝露期共 243 天,雾天气 13 天,霾天气 54 天,非雾霾天气 176 天。从 2013 年 7 月至 2015 年 5 月,共采集 24 个露水样品,分别为雾霾天气 7 个,非雾霾天气 17 个。采样期间的雾霾及正常天气的气象因子及颗粒物浓度均值如表 8.1 所示。由表可见,大气静稳状态的气象特征导致雾霾天气能见度低,且 AQI 较高。雾霾及正常天气的相对湿度及风速无显著性差异($P>0.05$),雾霾天气下的 $PM_{2.5}$ 与 PM_{10} 均显著高于正常天气($P<0.01$)。温度是两种气象特征最显著的差异,这是由于长春市周边秸秆燃烧及集中供热煤的燃烧,这也是雾霾天气的主要诱因,因此试验区雾霾天气多出现于秋冬季节,温度低于正常天气($P<0.01$)。

表 8.1　试验期雾霾及正常天气气象因子及颗粒物浓度均值

指标	正常天气	雾霾天气
AQI	71.89	136.74
$PM_{2.5}/(\mu g/m^3)$	29.04	99.34
$PM_{10}/(\mu g/m^3)$	66.97	141.81
相对湿度/%	67.89	72.78
风速/(m/s)	0.50	0.56
能见度/km	14.63	6.59
气压/kPa	98.34	98.72
露点温度/℃	9.07	7.15
气温/℃	15.69	12.31

8.3　雾霾对露水凝结频次的影响

通过 2015 年对研究区雾霾天气和正常天气下露水凝结频次和强度的监测发现,雾霾天气对下垫面露水凝结的频次影响不显著,有雾或霾的天气条件下均有露水凝结现象(见图 8.3)。根据监测结果可知,在植物生长期有雾霾时一定有露水凝结,但有露水凝结时不一定出现雾霾气象特征。雾、霾和正常天气每日露水强度分别为 0.064mm/d、0.045mm/d 和 0.051mm/d,没有显著性差异($P>$ 0.05)。尽管在天气条件"静稳"状态下易形成雾霾天气,但此时大气层较为稳定,容易生成较低的逆温层,污染物不易扩散,露水中的 $PM_{2.5}$ 和 PM_{10} 在雾霾天均显著高于正常天气($P<0.05$),露水中的 $PM_{2.5}$ 与 PM_{10} 为正常天气的 2 倍左右。结合露水在雾霾天气下的凝结特征可知,雾霾天气下,尽管近地表水汽凝结缓慢,近地表水汽仍可向下垫面转移,伴随颗粒物的沉降过程。因此,雾或霾对近地表水汽的凝结强度和频率无明显影响,无论是在正常天气还是在雾霾天气,露水均为近地表污染物去除的重要途径。

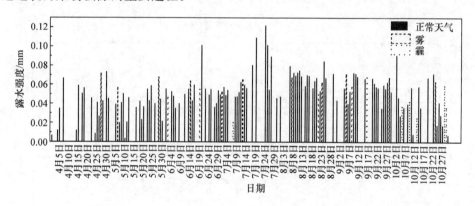

图 8.3　2015 年长春市正常天气、雾霾天气下露水强度

8.4　雾霾对露水凝结节点与强度的影响

露水在正常天气条件下凝结时间段一般为当地日落后半小时到次日日出前半小时。通过对比雾霾天气和正常天气下露水的凝结时长,发现雾霾事件中露水的凝结时间节点有明显变化,不受日出日落的条件限制,在整个雾霾事件中均有露水凝结,尽管由于雾霾期间地表气象条件改变,凝结速率显著降低($P<0.01$),但雾霾延迟了水汽凝结时间,因此正常天气和雾霾天气条件下,露水强度无显著性差异。

以 2015 年 7 月两次昼夜连续观测为例,7 月长春市日出时间约为 6:00,日落时间约为 19:00。7 月 3～4 日为正常天气的代表,7 月 22～23 日为雾霾天气的代表。如图 8.4 和图 8.5 所示,7 月 3～4 日的水汽凝结符合露水凝结时间段的基本规律,在天气晴朗的夜晚,日落后半小时温度下降至露点温度,相对湿度达到凝结条件,微风作用下下垫面水汽开始冷凝;次日凌晨,随温度回升和相对湿地降低,日出前半小时近地表水汽由凝结转为蒸发。

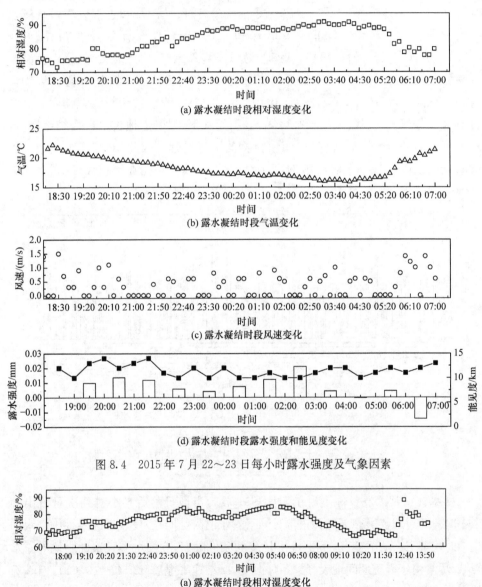

(a) 露水凝结时段相对湿度变化

(b) 露水凝结时段气温变化

(c) 露水凝结时段风速变化

(d) 露水凝结时段露水强度和能见度变化

图 8.4　2015 年 7 月 22～23 日每小时露水强度及气象因素

(a) 露水凝结时段相对湿度变化

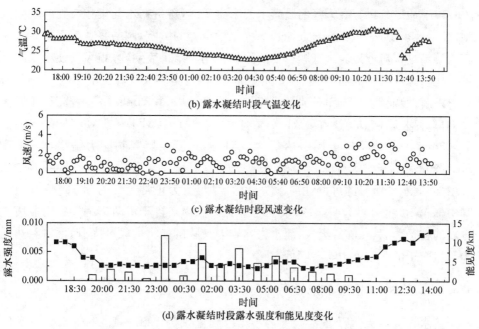

图 8.5　2015 年 7 月 3~4 日每小时露水强度及气象因素

　　7 月 22 日从傍晚 18:00 开始,能见度低于 10km,相对湿度(RH)低于 90%,开始呈现霾气象特征,此时下垫面开始有水汽凝结。19:00~23:00 冷凝速率较慢,00:00~次日凌晨 6:00 冷凝速率提升。在日出后,尽管温度逐渐升高,相对湿度降低,但在霾气象条件下,下垫面仍有水汽向上运移,但速率变缓。7 月 23 日上午 11:00 左右,随着风速的加大,能见度高于 10km,霾消除,此时水汽不具备凝结条件,露水量不再变化。对比两次试验露水强度可知,同一凝结时间段正常天气下露水强度显著高于雾霾天气($P<0.05$),但霾条件下,由于近地表的气象条件为"逆湿逆温",有利于延迟水汽凝结时间,有霾期间均有露水凝结现象,水汽凝结时间与霾消退时间紧密相关,在霾消退前约 1h,水汽不再凝结。

8.5　雾霾对露水水质的影响

　　露水水质受控于大气空气质量,颗粒物类型和浓度差异可能对水汽凝结过程产生影响,尤其在雾霾天气发生时,大气相对湿度增加,空气质量迅速下降,$PM_{2.5}$ 与 PM_{10} 质量浓度是正常天气的 4~6 倍,几乎所有的水溶性离子浓度(NH_4^+、Mg^{2+}、Ca^{2+}、K^+、Na^+、Cl^-、NO_3^-、F^-、SO_4^{2-})均有所上升,特别是 K^+、NO_3^-、SO_4^{2-} 以及二次气溶胶类物质(二次有机碳(secondary organic carbon,SOC)、NH_4^+、NO_3^-、SO_4^{2-})浓度迅速增加(Sun et al. ,2006;Tan et al. ,2009)。

本节通过分析雾霾天气前后露水的水质变化,辨析露水捕集颗粒物的主要类型、粒径及来源,揭示雾霾对近地表水汽化学组分的影响,阐明雾霾与正常天气下露水凝结过程对近地表大气颗粒物消除的作用。结果表明,雾霾天气使城市露水呈酸化状态,pH 由正常天气的 6.56 下降为 5.75;雾霾天气时露水的电导率(EC)和总溶解性颗粒物(TDS)分别为 542.71μs/cm 和 271.36mg/L,显著高于正常天气的露水水质测试值;在正常天气时,露水中的 $PM_{2.5}$ 和 PM_{10} 浓度分别为 21.69mg/L 和 51.56mg/L,在雾霾天气时,露水凝结颗粒物能力增强,$PM_{2.5}$ 和 PM_{10} 浓度变为正常天气的 2.48 倍和 1.79 倍;雾霾天气下,由于大气中颗粒物浓度增加,露水中所有的可溶性离子含量均增加,变为正常天气的 3.01~9.32 倍,其中 K^+ 浓度上升最为明显;露水中的主要颗粒物来自于机动车尾气和工业废气排放的粒子,尤其在雾霾天气,露水去除细颗粒物的能力大幅度提升,但对路边扬尘等粗粒子的截留能力有所降低。

8.5.1 pH、总溶解固体和电导率

露水在雾霾天气及正常天气的 pH 范围分别为 5.87~7.22 和 5.19~6.29 (见表 8.2),露水在雾霾天气酸性更强。露水总体呈偏酸性是由于形成过程中融入 CO_2 和其他酸性气溶胶(SO_2、NO_x)(Lekouch et al. ,2010),由此可知雾霾天气露水 pH 偏低由大气中酸性气溶胶浓度较高所致。正常天气及雾霾天气露水中的总溶解固体(TDS)及电导率(EC)分别为 189.59mg/L 和 271.36mg/L 以及 379.18μs/cm 和 542.71μs/cm。雾霾天气露水中的 TDS 及 EC 均高于正常天气,这反映了雾霾天气露水中溶解的颗粒物增加。此外,露水中的 $PM_{2.5}$ 和 PM_{10} 浓度在雾霾天气也明显高于正常天气,露水中的 TDS、$PM_{2.5}$ 和 PM_{10} 在雾霾天气分别是正常天气的 1.43 倍、2.48 倍和 1.79 倍。由此可知,雾霾天气大气颗粒物浓度增加,露水对颗粒物的去除能力也增强。

表 8.2 2013~2015 年雾霾及非雾霾天气露水中 pH、电导率、总悬浮固体颗粒物浓度特征值

参数	正常天气($n=17$)					雾霾天气($n=7$)				
	pH	EC /(μs/cm)	TDS /(mg/L)	$PM_{2.5}$ 浓度 /(mg/L)	PM_{10} 浓度 /(mg/L)	pH	EC /(μs/cm)	TDS /(mg/L)	$PM_{2.5}$ 浓度 /(mg/L)	PM_{10} 浓度 /(mg/L)
平均值± 标准差	6.56 ±0.42	379.18 ±69.47	189.59 ±34.74	21.69 ±10.77	51.56 ±19.35	5.75 ±0.39	542.71 ±66.35	271.36 ±33.18	53.82 ±22.60	92.36 ±36.38
最大值	7.22	502.00	251.00	46.75	86.50	6.29	663.00	332.00	93.00	160.00
最小值	5.87	298.00	149.00	10.00	26.50	5.19	468.00	234.00	22.50	50.50

注:n 为天气条件出现次数。

8.5.2　颗粒物粒径

　　在正常天气,大气中颗粒物粒径以 $PM_{20} \sim PM_{50}$ 为主,占到总份额的 28.32%,$PM_{2.5}$ 以下、$PM_{2.5} \sim PM_{10}$ 及 PM_{10} 以上所占比例分别为 11.83%、25.69% 和 62.48%(见图 8.6),可见大气中颗粒物以粗颗粒物为主。在有雾的天气条件下,大气中颗粒物粒径比例分布变化不大,$PM_{2.5}$ 以下、$PM_{2.5} \sim PM_{10}$ 及 PM_{10} 以上所占比例分别为 12.78%、27.23% 和 59.99%。因为雾天一般出现在降雨事件后,空气质量较好,雾天的大气中粗颗粒物所占比例降低,例如,$PM_{20} \sim PM_{50}$ 由正常天气的 28.32% 降低到 18.58%。由于霾天气空气污染严重,细颗粒物比例增加明显。$PM_{2.5}$ 以下及 $PM_{2.5} \sim PM_{10}$ 颗粒所占比例增至 19.35% 和 31.1%,霾天气下 PM_{10} 以上所占比例降至 49.55%。由此可见,霾天气粗细颗粒物占比基本持平。

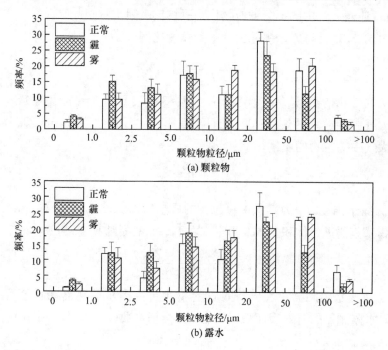

图 8.6　长春市正常天气、雾天和霾天条件下露水和大气中颗粒物粒径分布

　　露水凝结以近地表空气中颗粒物为凝结核,露水中颗粒物的粒径分布与大气中颗粒物粒径分布基本一致(见图 8.6)。在正常天气下,露水以去除粗颗粒物为主,PM_{10} 以上所占比例为 67.14%,雾天与正常天气露水中颗粒物粒径分布基本不变,但霾天气露水中细颗粒物上升比较明显,由正常天气的 32.86% 上升至 46.78%。无论在正常天气、雾天或霾天气,露水均以去除粗颗粒物为主。

通过分析大气和露水中的颗粒物质量浓度也可得到相同结论。如表 8.3 所示,正常天气下大气中大气颗粒物中总悬浮颗粒物(TSP)、$PM_{2.5}$ 和 PM_{10} 均值分别为 $165.24\mu g/m^3$、$40.22\mu g/m^3$ 和 $72.34\mu g/m^3$,在雾天 TSP、$PM_{2.5}$ 和 PM_{10} 值明显降低,变为正常天气的 $0.66\sim0.75$ 倍,证明雾天气条件下空气质量较好,各级别颗粒物浓度明显降低。霾天气规律相反,TSP、$PM_{2.5}$ 和 PM_{10} 值变为正常天气的 $2.78\sim4.29$ 倍。由此可见,霾天气空气质量明显变差,颗粒物浓度增加趋势明显。各级别颗粒物浓度在大气中的变化规律与在露水中相似。正常天气下露水中 TDS、$PM_{2.5}$ 和 PM_{10} 均值分别为 $175.31mg/L$、$24.39mg/L$ 和 $49.65mg/L$,在雾天变为正常天气的 $0.5\sim0.64$,霾天气的 TSP、$PM_{2.5}$ 和 PM_{10} 值变为正常天气的 $1.60\sim2.51$ 倍。由此可知,无论在雾天或霾天,露水对颗粒物的去除能力均减弱,这可能是由于雾霾事件的气象条件均为静稳条件,颗粒物在大气中漂浮不易沉降,仅有近地表大气中的部分颗粒物作为凝结核吸附水汽至凝结。

应用式(8.1)计算露水去除大气中颗粒物比例:

$$R_i = \frac{Q_{idew}}{Q_{iair}} \times 100\% \tag{8.1}$$

式中,i 为颗粒物的类型($i=1$ 代表 $PM_{2.5}$,$i=2$ 代表 PM_{10},$i=3$ 代表 TSP;R_i 为露水去除大气中颗粒物的效率;Q_{idew} 为日出后露水中颗粒物质量,mg;Q_{iair} 为露水凝结时段大气中颗粒物的质量,mg。

$$Q_{idew} = IC_i \times \frac{V}{3} \tag{8.2}$$

式中,I 为露水强度;C_i 为露水中颗粒物的质量浓度,mg/L;V 为露水凝结时段大气颗粒物采集器进气体积,m^3;3 为露水在下垫面的凝结高度,为 $0\sim3m$。

$$I = \frac{10 \times (W_{mr} - W_{ms})}{S} \tag{8.3}$$

式中,W_{mr} 为露水监测器在日出前的质量,g;W_{ms} 为露水监测器在日落后的质量,g;S 为露水监测器的有效表面积,cm^2;10 为换算系数(由 g 换算为 mm)。

$$Q_{iair} = W_{fir} - W_{fis} \tag{8.4}$$

式中,W_{fir} 为颗粒物采样器滤膜在日出时的质量,g;W_{fis} 为颗粒物采样器滤膜在日落后的质量,g。

由表 8.4 可知,露水能有效去除大气颗粒物,对 TSP 去除作用明显,对 $PM_{2.5}$ 沉降能力最弱,可见露水对粗颗粒物质的沉降作用优于细颗粒物。在正常天气,露水对 TSP、PM_{10}、$PM_{2.5}$ 去除率分别为 28.2%、25.9% 和 21.5%,即在夜间随着水汽的凝结,近地表($0\sim3m$)有近 1/3 的颗粒物被露水去除,尽管该数值包含一部

表 8.3　长春市正常天气、雾天和霾天露水中 TDS,PM$_{2.5}$ 和 PM$_{10}$ 和 TSP,PM$_{2.5}$ 和 PM$_{10}$

参数	露水/(mg/L)									大气/(μg/m³)								
	正常天气(n=17)			雾(n=7)			霾(n=13)			正常天气(n=17)			雾(n=7)			霾(n=13)		
	TDS	PM$_{2.5}$	PM$_{10}$	TDS	PM$_{2.5}$	PM$_{10}$	TDS	PM$_{2.5}$	PM$_{10}$	TSP	PM$_{2.5}$	PM$_{10}$	TSP	PM$_{2.5}$	PM$_{10}$	TSP	PM$_{2.5}$	PM$_{10}$
平均值±	75.31	24.39	49.65	95.28	12.26	31.65	281.36	61.22	89.24	165.24	40.22	72.34	110.25	29.85	49.25	458.67	172.36	205.31
标准差	±31.54	±8.57	±12.86	±26.12	±5.32	±5.28	±29.86	±19.59	±29.19	±25.35	±8.25	±9.48	±20.24	±4.75	±7.42	±12.58	±21.26	±25.47
最大值	249.12	53.25	82.50	157.12	35.18	56.34	332.28	93.00	159.13	193.21	54.23	92.78	170.23	39.54	70.21	523.42	200.52	296.25
最小值	128.90	9.80	23.31	64.58	3.80	14.41	234.14	22.50	48.25	89.62	21.32	52.31	69.25	17.52	34.21	365.24	142.31	124.25

注：n 为天气条件出现次数。

分自然沉降的颗粒物,但露水凝结对空气净化的作用不容忽视。在雾天和霾天气,露水对颗粒物的沉降作用明显减弱,尤其在霾天气,露水对 TSP、PM_{10}、$PM_{2.5}$ 去除率分别降至 18.5%、15.7%和13.7%,霾天气限制了凝露作用对大气颗粒物的去除能力。露水有利于大气颗粒物的沉降,对粗颗粒物去除作用优于细颗粒物,正常天气下对颗粒物去除能力最强,在霾天气最弱,以上结果证明在静稳天气条件下,有近 1/5 的颗粒物依然可以随着水汽的凝聚过程运移至地表,在雾霾天气和正常天气条件下,露水凝结是一种自然有效的净化大气空气质量的方式。

表 8.4　长春市正常天气、雾天和霾天露水中 TDS、$PM_{2.5}$ 和 PM_{10} 去除率　　(单位:%)

条件		平均值±标准差	最大值	最小值
正常天气($n=17$)	TDS	28.2±3.6	32.3	17.5
	$PM_{2.5}$	21.5±3.8	25.9	18.7
	PM_{10}	25.9±2.5	28.5	19.5
雾($n=7$)	TDS	23.7±3.1	27.4	18.4
	$PM_{2.5}$	15.2±3.5	19.5	10.5
	PM_{10}	18.1±4.1	25.4	14.1
霾($n=13$)	TDS	18.5±3.9	24.1	15.2
	$PM_{2.5}$	13.7±1.1	14.5	11.8
	PM_{10}	15.7±1.2	18.4	12.7

8.5.3　水溶性离子

1. 水溶性离子含量

研究区及其他地区露水中水溶性离子浓度如表 8.5 所示,由表可知,在摩洛哥梅尔左佳、波兰格丁尼亚和克罗地亚扎达尔这些沿海地区,露水中 Cl^-、Na^+ 和 Mg^{2+} 浓度普遍高于半湿润和半干旱地区(雾霾事件除外),这是由于这些离子与附近的海水具有同源性。在沙漠地区,Ca^{2+} 和 Mg^{2+} 浓度高于半湿润地区及半干旱地区,这表明露水中溶解了大量的尘土颗粒。而各地区中 SO_4^{2-}、NO_3^- 和 NH_4^+ 的差异性与局地人为污染排放源密切相关,由此进一步证明露水是揭示当地下垫面空气质量的指示器。

正常天气露水中离子浓度的排序为 $NH_4^+>SO_4^{2-}>Ca^{2+}>NO_3^->Cl^->Na^+>F^->K^+>Mg^{2+}$。$NH_4^+$(1505.1μeq/L)和 SO_4^{2-}(1479.6μeq/L)是浓度最高的阳离子和阴离子,分别占总离子浓度的 34.6%和 34.1%。雾霾天露水中离子浓度的排序为 $SO_4^{2-}>NH_4^+>Ca^{2+}>NO_3^->K^+>F^->Cl^->Na^+>Mg^{2+}$。$NH_4^+$(8245.7μeq/L)

表 8.5　研究区及其他地区露水水溶性离子浓度

（单位：μeq/L）

地点	半湿润地区			半干旱地区				沿海地区				干旱地区	
	中国长春		波兰弗罗茨瓦夫	美国阿尔贡	约旦安曼	印度德里	印度兰布尔	摩洛哥梅尔左佳	波兰格丁尼亚	克罗地亚扎达尔	智利圣地亚	法国波尔多	以色列赛代	以色列尼斯纳
	正常天气	雾霾												
参考文献	(Xu et al., 2016)		Gatek et al., 2011	Wesely et al., 1990	Jiries, 2001	Sudesh and Pawan, 2014	Singh et al., 2006	Lekouch et al., 2011	Zaneta et al., 2008	Lekouch et al., 2010	Rubio et al., 2002	Beysens et al., 2006	Kidron and Starinsky, 2012	
Mg^{2+}	57.4	187.7	20	—	233.3	62.9	290.2	1349.2	210	230	61	29.2	390	430
Ca^{2+}	776.0	2489.8	108	—	640.0	834.1	413.1	2413.5	740	1710	468	17.5	2783	2672
Na^+	101.7	251.5	16	230.4	156.5	106.8	191.5	4316.1	340	310	59	123.9	878	1136
NH_4^+	1563.9	6760.7	40	6.67	44.4	1662.1	254.5	—	230	51	569	—	120	60
K^+	62.8	680.2	—	148.7	30.8	69.1	112.9	243.6	130	59	28	6.4	144	114
NO_3^-	175.8	1265.0	115	50.8	43.1	131.0	120.6	229.2	120	11	132	7.7	79	773
SO_4^{2-}	1538.4	9295.3	45	204.2	464.6	1381.9	359.5	382.1	480	82	458	52.1	1660	1629
Cl^-	105.1	353.6	56	183.1	138.0	193.5	348.2	7197.7	550	660	68	135.2	1076	1323
F^-	87.7	316.7	—	—	188.8	93.9	94.7	—	12	—	—	—	—	—

和 SO_4^{2-}（10731.7μeq/L）仍然是占总离子浓度份额最高的阳离子（32.6%）和阴离子（42.5%）。在雾霾或非雾霾期，Ca^{2+} 和 NH_4^+ 都是中和酸性离子最重要的阳离子。露水中与大气中颗粒物离子具有同步性。随着空气质量的恶化，露水去除污染物的水平提升。在正常天气下，大气中颗粒物水溶性离子排序为 SO_4^{2-} > NO_3^- > NH_4^+ > Ca^{2+} > Cl^- > Na^+ > F^- > K^+ > Mg^{2+}，在雾天离子浓度降低，但排序未发生变化，霾天气离子浓度均升高，排序为 SO_4^{2-} > NO_3^- > NH_4^+ > Cl^- > Ca^{2+} > K^+ > F^- > Na^+ > Mg^{2+}。由此可见在正常天气，雾天或霾天大气中人为源离子含量最高，在霾天气，由燃煤产生的 Cl^- 及生物质燃烧产生的 K^+ 含量激增。

2. 可溶性离子浓度

露水中所有的水溶性离子均在雾霾期增加（见图 8.7），雾霾期间露水中水溶性离子是非雾霾期间的数倍，其中 NH_4^+ 为 5.47 倍，Ca^{2+} 为 3.61 倍，Na^+ 为 3.01 倍，K^+ 为 9.32 倍，Mg^{2+} 为 3.67 倍，SO_4^{2-} 为 7.25 倍，NO_3^- 为 9.06 倍，Cl^- 为 3.83 倍，F^- 为 4.98 倍。此外，在露水中水溶性离子增加的倍数强于大气颗粒物离子增加倍数，在雾霾天气，露水对近地表污染物有沉降浓缩的作用，也证明露水对大气质量起到了净化的作用。

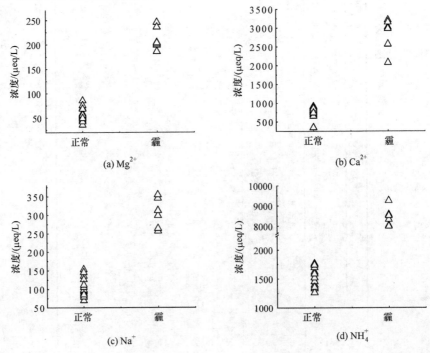

(a) Mg^{2+}　　　　　　　　　(b) Ca^{2+}

(c) Na^+　　　　　　　　　(d) NH_4^+

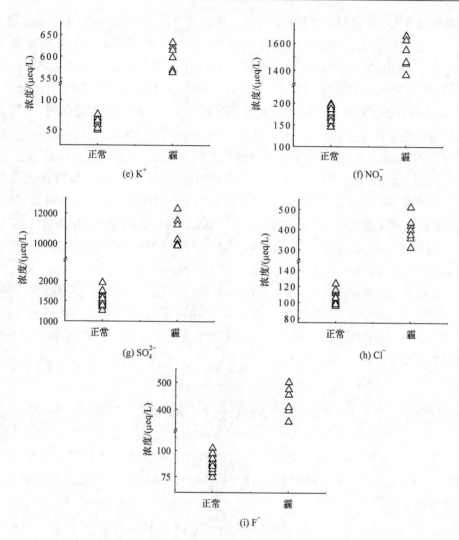

图 8.7　雾霾天与非雾霾天露水中 Mg^{2+}、Ca^{2+}、Na^+、NH_4^+、K^+、NO_3^-、SO_4^{2-}、Cl^-、F^- 浓度

雾霾天气对露水中溶解的离子浓度的影响有差异。冬季燃煤供暖季长春市郊秸秆燃烧是研究区雾霾的主要诱因。K^+ 主要来自于生物质的燃烧,每年 10~11 月秸秆燃烧使大气颗粒物中 K^+ 浓度激增,因此在露水中 K^+ 增加倍数最为明显。Cl^- 和 F^- 一般来自于煤的燃烧,长春市坐落于中国的东北地区,每年的供暖期长达 6 个月,煤是主要的供热能源,因此在供暖初期由于煤炭燃烧导致 Cl^- 和 F^- 在大气中增加,雾霾期间露水中 Cl^- 和 F^- 的增长。

主要来自于土壤、道路扬尘及建筑灰尘的 Na^+、Mg^{2+} 和 Ca^{2+} 在雾霾天气增加了 3.01~3.67 倍,由于露水主要凝结于近地表,Na^+、Mg^{2+} 和 Ca^{2+} 的增加表明雾霾天气也增加了露水对路边扬灰的去除。SO_4^{2-}、NO_3^- 和 NH_4^+ 主要来自前体 SO_2 和 NO_2 演变的二次污染物。在雾霾天气,露水中 SO_4^{2-} 和 NO_3^- 的平均浓度为 10731.7μeq/L 和 1540.1μeq/L,是非雾霾期间的 7.25 倍和 9.06 倍,可见露水中 SO_4^{2-} 和 NO_3^- 在雾霾期间增加显著。NO_3^-/SO_4^{2-} 在雾霾及非雾霾期的比值分别 为 0.14 和 0.11,可知在雾霾期间此比值有所增大,这表明在雾霾期间,大气中 NO_x 增长速度显著高于 SO_2。在 NO_x 浓度较高时,OH 和 H_2O_2 浓度降低,抑制 了 SO_4^{2-} 的形成。此外,国家生态环境部要求燃烧煤炭必须经过脱硫脱硝工艺,但 目前大部分热电厂及供热公司忽略了煤炭的脱硝过程,导致 NO_x 释放超过了 SO_2,因此雾霾期间露水中的 NO_3^- 增长更为明显。NH_4^+ 浓度与温度相关,研究 区雾霾多出现于温度略低的秋冬季,抑制了 NH_4^+ 的生成,因此 NH_4^+ 的增长速度 低于 SO_4^{2-} 和 NO_3^-。综上可知,露水对 NH_4^+、NO_3^- 和 SO_4^{2-} 等影响能见度的主要 因子均有去除作用,在一定程度上也改善了下垫面的能见度。

在正常天气或雾霾天气,露水中的水溶性离子均显著高于大气颗粒物离子浓 度,这是由于在露水形成过程中,一部分大气气溶胶颗粒作为凝结核被露水捕获, 另一部分酸性或碱性气体及固态颗粒直接溶于露水中。以 SO_2 为例,SO_2 在大气 中发生如下反应:

$$O_2(a) + SO_2(g) \longrightarrow SO_3^{2-}(a) \tag{8.5}$$

$$OH(a) + SO_2(g) \longrightarrow HSO_3^{2-}(a)/2OH(a) + SO_2(g) \longrightarrow SO_4^{2-}(a) + H_2O \tag{8.6}$$

氧化物表面的 SO_3^- 和 HSO_3^{2-} 在氧气和表面吸附水的作用下部分氧化为 SO_4^{2-},从而实现了气体 SO_2 向固态 SO_4^{2-} 粒子的气→粒转化。SO_2 在水滴中发生 如下液相反应:

$$SO_2 + H_2O \longleftrightarrow SO_2 \cdot H_2O \tag{8.7}$$

$$SO_2 \cdot H_2O \longleftrightarrow H^+ + HSO_3^- \tag{8.8}$$

$$HSO_3^- \longleftrightarrow H^+ + SO_3^{2-} \tag{8.9}$$

在霾天气,SO_4^{2-} 浓度激增,气态 SO_2 变为 SO_4^{2-},再转变为露水中的 SO_4^{2-} 被 去除,以上转化过程说明露水对近地表空气具有净化作用。此外,露水中 NH_4^+ 浓 度大于 NO_3^-,大气颗粒物中 NO_3^- 浓度大于 NH_4^+(见图 8.8),这是由于 NH_3 与酸 性物质之间的反应速率快,促使 NH_3 向 NH_4^+ 转化,NH_4^+ 与 SO_4^{2-} 及 NO_3^- 均显 著相关,在露水中酸性物质显著高于大气,促进 NH_4^+ 快速转化。

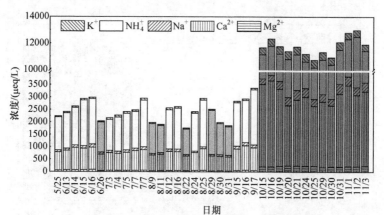

(a) 露水中离子浓度(NH_4^+、Mg^{2+}、Ca^{2+}、K^+、Na^+)

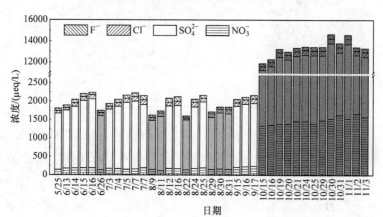

(b) 露水中离子浓度(Cl^-、NO_3^-、F^-、SO_4^{2-})

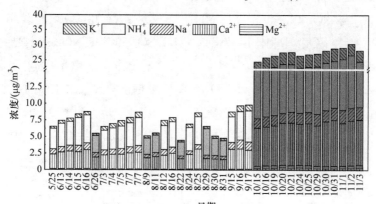

(c) 颗粒物中离子浓度(NH_4^+、Mg^{2+}、Ca^{2+}、K^+、Na^+)

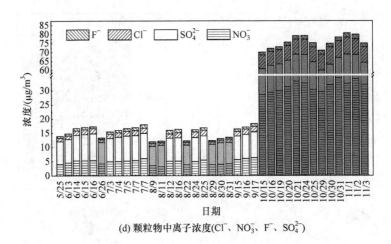

(d) 颗粒物中离子浓度(Cl^-、NO_3^-、F^-、SO_4^{2-})

图 8.8　长春市正常天气、雾天和霾天气大气颗粒物和露水中离子浓度

3. 相关性分析

霾及正常天气露水中水溶性离子的相关分析如表 8.6 所示。由表可知，Ca^{2+} 和 Mg^{2+} 在霾或非雾霾期间均显著相关（相关系数 $R=0.82$），表明了二者的同源性，即均来自于扬尘或土壤，在夜晚水汽凝结过程中被露水去除。露水中 NO_3^- 和 SO_4^{2-} 在两种天气条件下也显著相关（非雾霾 $R=0.89$；霾 $R=0.90$），表明 NO_3^- 和 SO_4^{2-} 来源均为人为源，如汽车尾气、工业废气及煤炭燃烧的排放。NH_3 是大气中重要的碱性气体，在正常天气，露水中 NH_4^+ 与 NO_3^- 相关性显著（$R=0.62$）；霾天气 NH_4^+ 与 NO_3^-（$R=0.73$）及 NH_4^+ 与 SO_4^{2-}（$R=0.71$）均显著相关，可见 NH_4^+ 与 NO_3^- 和 SO_4^{2-} 中和作用较强，$(NH_4)_2SO_4$ 和 NH_4NO_3 是主要的中和作用产物。此外，在正常天气 Mg^{2+}、Ca^{2+} 和 K^+ 与 NO_3^- 和 SO_4^{2-} 的相关性表明，$Ca(NO_3)_2$、$MgSO_4$、$Mg(NO_3)_2$、KNO_3 和 K_2SO_4 是正常天气露水中的重要中和产物（Ca^{2+} 和 NO_3^-，$R=0.63$；Mg^{2+} 和 SO_4^{2-}，$R=0.81$；Mg^{2+} 和 NO_3^-，$R=0.87$；K^+ 和 SO_4^{2-}，$R=0.53$；K^+ 和 NO_3^-，$R=0.64$）。而 $CaSO_4$ 和 $Ca(NO_3)_2$ 是霾天气露水中的重要中和产物（Ca^{2+} 和 SO_4^{2-}，$R=0.80$；Ca^{2+} 和 NO_3^-，$R=0.78$）。

表 8.6　霾(下)及正常天气(上)露水中水溶性离子相关系数

霾 ＼ 正常	Mg^{2+}	Ca^{2+}	Na^+	NH_4^+	K^+	NO_3^-	SO_4^{2-}	Cl^-	F^-
Mg^{2+}		0.82**	0.14	0.89**	0.60*	0.87**	0.81**	0.01	0.29
Ca^{2+}	0.82*		0.19	0.73**	0.47	0.63**	0.39	0.12	0.31
Na^+	0.49	0.50		0.19	0.22	0.90**	0.07	0.19	0.04
NH_4^+	0.84*	0.86*	0.79*		0.73**	0.62*	0.45	0.51	0.75**
K^+	0.44	0.41	0.10	0.41		0.64**	0.53*	0.19	0.35
NO_3^-	0.53	0.78**	0.15	0.73**	0.36		0.89**	0.04	0.19
SO_4^{2-}	0.57	0.80*	0.25	0.71**	0.63	0.90**		0.02	0.21
Cl^-	0.07	0.14	0.48	0.04	0.45	0.04	0.06		0.17
F^-	0.58	0.22	0.04	0.19	0.22	0.08	0.03	0.15	

* 0.05 水平显著相关(双侧);

** 0.01 水平显著相关(双侧)。

4. 水溶性离子来源

露水的水质受控于下垫面大气颗粒物的种类及浓度等,其水质可反映空气质量。如图 8.9 所示,雾霾与正常天气露水中水溶性离子比例差异较为显著。无论是雾霾或正常天气,露水以去除 SO_4^{2-}、NO_3^- 和 NH_4^+ 为主,其次是 Na^+、Mg^{2+} 和 Ca^{2+}。这说明近地表的水汽在夜间凝结时主要去除汽车尾气、工业废气等人为源

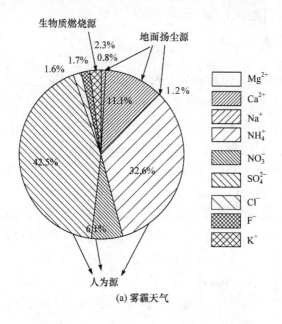

(a) 雾霾天气

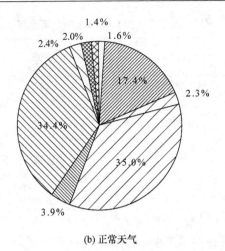

(b) 正常天气

图 8.9　雾霾及非雾霾天气露水中水溶性离子比例

排放的颗粒物质,其次是地壳颗粒。由图 8.9 可知,来自于地壳源的 Na^+、Mg^{2+} 和 Ca^{2+} 总和占全部离子浓度比例在正常天气和雾霾天气下分别为 20.1% 和 13.1%,来自于人为源的 SO_4^{2-}、NO_3^- 和 NH_4^+ 总和占全部离子浓度比例在正常天气和雾霾天气下分别为 73.4% 到 81.2%;来自于生物质燃烧的 K^+ 所占比例由正常天气的 1.4% 上升到雾霾天气的 2.3%。上述表明雾霾天露水对二次污染物的细粒子捕捉能力更强,但去除路边灰尘的能力减弱。这是由于雾霾天气的静稳气象条件导致扬尘较为稳定,而人为排放的酸性气体衍生的 SO_4^{2-}、NO_3^- 和 NH_4^+ 含量增加,直接导致近地表水汽中化学成分的改变。

5. 碳物质

碳物质不仅可以通过煤炭燃烧、汽车尾气和生物质燃烧排放,也可以在细颗粒物的光化学反应中生成。在低风速、高大气压的雾霾天气,碳物质可以通过二次气溶胶的光化学反应累积。因此,分析大气颗粒物中碳物质的含量和形态,有助于明确物质转化的过程和规律。大气颗粒物和露水中碳物质的变化趋势与水溶性离子相近,其含量均为霾天>正常天气>雾天。由图 8.10 可知,无论是大气颗粒物中的有机碳(organic carbon,OC)和元素碳(elemental carbon,EC),或是露水中的颗粒物有机碳(particle organic carbon,POC)和颗粒物元素碳(particle elemental carbon,PEC)均为在霾天气浓度最高,在雾天气浓度最低。对于大气颗粒物,在霾天、雾天和正常天气条件下,有机碳的平均浓度分别为 $40.75\mu g/m^3$、$10.10\mu g/m^3$ 和 $14.52\mu g/m^3$,元素碳的平均浓度分别为 $7.91\mu g/m^3$、$2.82\mu g/m^3$ 和 $3.84\mu g/m^3$。在霾天、雾天和正常天气条件下,露水中颗粒物有机碳平均浓度分别为 70.96mg/L、7.38mg/L 和 10.85mg/L,颗粒物元素碳浓度分别为 13.43mg/L、2.73mg/L 和 3.51mg/L。

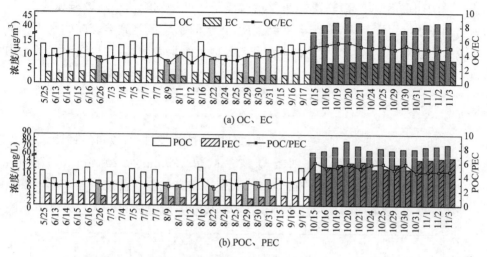

图 8.10　长春市正常天气、雾天和霾天 OC、EC、POC、PEC

大气颗粒物中有机碳和元素碳的浓度比值(OC/EC)如果大于 2,可以判断有二次有机碳(SOC)生成。由图 8.10 可知,在大气颗粒物中 OC/EC 在霾天为 5.16,是雾天的 1.43 倍(3.60),正常天气的 1.36 倍(3.80)。由此可知,二次有机碳在霾天形成量最大。在研究期间,正常天气、雾天和霾天条件下露水中平均 POC/PEC 分别为 3.10、2.72 和 5.33,可见在露水和大气颗粒物中,碳物质的变化趋势是一致的。由此判断,露水中的颗粒物有机碳和元素碳的比值同样可以作为判断二次有机碳生成的标志物。

8.6　一次雾霾事件露水凝结过程

露水作为空气环境质量的重要指示因子,对揭示城市大气污染现状具有重要意义,因此研究雾霾天气发生时露水凝结过程,有助于阐明近地表污染物随水汽凝结过程的循环及清除路径。研究选择 2016 年 11 月长春市的一次雾霾事件作为代表,此次雾霾于 11 月 3 日 20:00 左右开始,能见度由 10km 逐步下降,雾霾事件加重,在 11 月 5 日 10:00 达到重度污染天气,并一直持续至 11 月 6 日下午 16:00后逐步消退,于 11 月 8 日 16:00 雾霾事件结束。

本节通过对该次雾霾过程中露水强度和水质每 4 小时一次的连续监测,发现雾霾过程中近地表始终有露水凝结,在雾霾期间露水强度与相对湿度紧密相关

$(P<0.01)$，与气温负相关$(P<0.01)$，与风速和 PM 相关性不大$(P>0.05)$。由于凝结时长增加，每日的露水量高于正常天气。露水中所有水溶性离子浓度随雾霾事件的加重逐渐增高，在雾霾最严重时离子浓度达到峰值。随着雾霾的消退，所有离子浓度缓慢下降，雾霾事件结束后，露水的水质恢复到雾霾前的水平。可见露水水质对大气颗粒物变化的响应非常及时。结果表明，露水以去除粗颗粒物(PM_{10})为主，随雾霾的发展，露水中颗粒物质量浓度升高，但去除率下降。

8.6.1 露水强度

2016 年 11 月 3～8 日，随着雾霾加重到削弱的演变过程，以自然日计算，此次雾霾事件每日的露水量分别为 0.075mm、0.129mm、0.202mm、0.175mm、0.207mm 和 0.177mm。在雾霾严重时，大气中较高的相对湿度有益于露水凝结（见图 8.11）。雾霾期间平均露水强度为 0.178mm，研究区正常天气条件下每晚

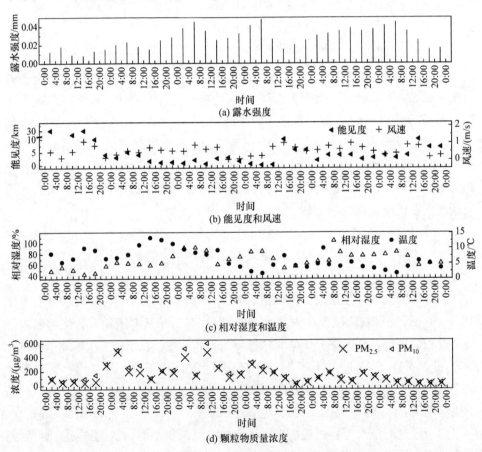

图 8.11　雾霾期间露水强度和气象因子变化趋势图

露水强度平均值为 0.0607mm；Richards（2002）发现加拿大温哥华市区草地与市郊地区每晚的露水量是 0.11～0.13mm，市区平均每天的露水量为 0.07～0.09mm，均略低于本研究区。这是由于正常天气条件下，露水的凝结时长为 10h 左右，在雾霾期间为 24h 均有凝结现象。由上可见，雾霾期间的气象条件是有利于露水凝结的，尽管每小时的凝结强度减缓，但凝结时长增加，使每日的露水量高于正常天气。

8.6.2　影响因子

在雾霾期间露水凝结的相关因子与正常天气存在差异。由表 8.7 可知，正常天气条件下，露水强度与相对湿度、气温（$P<0.01$）正相关，与 $PM_{2.5}$、PM_{10}、风速（$P<0.01$）负相关。根据对雾霾期间露水强度和气象因子的相关性分析发现，露水强度仅与相对湿度呈正相关（$P<0.01$），与气温和能见度负相关（$P<0.01$），与风速和 $PM_{2.5}$、PM_{10} 相关性不大（$P>0.05$）。

表 8.7　正常天气和雾霾期间研究区露水强度和气象因子相关性

条件	$PM_{2.5}$	PM_{10}	气温	相对湿度	风速	能见度
露水强度（正常）	−0.306*	−0.348*	0.467*	0.766*	−0.489*	—
露水强度（雾霾）	0.239	0.213	−0.468*	0.922*	−0.056	−0.628*

注：雾霾持续时间为 2016 年 11 月 3 日 00:00～11 月 8 日 24:00。

* 在 0.01 水平上显著相关（双侧）。

这是由于研究区在夏秋季节（7～9 月）气温较高时，近地表水汽极易凝结，特别是在雨后空气中颗粒物质量浓度低时，露水量显著偏高。但是在一次雾霾事件中，监测时间较短，雾霾期间风速均较低，变化不大，因此露水量与风速无关。雾霾事件中，露水强度与温度负相关，这是由于雾霾期间近地表逆温，温度越低越有利于水汽的凝结。可见，雾霾事件改变了水汽凝结的气象因子，仅相对湿度对水汽凝结的影响与正常天气条件相同。

$PM_{2.5}$ 等颗粒物是雾霾气象条件下大气污染的主要污染物，因为细颗粒物可以充分吸湿，在颗粒物吸收水分达到饱和状态时，可以通过分子间的黏结和碰并作用，将水汽和颗粒物一起沉降至地表。当大气中具备颗粒物和水分子的条件下，凝露粒子不断增大，长大到一定程度在重力等条件的作用下，顺利降落到地面形成露水，有效吸附悬浮在大气中的各种尺寸的微粒并最终降落至地面。由此推测当雾霾天气，大气总颗粒物浓度增加时，如水汽足够，露水量应增大。由于 $PM_{2.5}$、PM_{10} 与 AQI 与露水强度呈显著负相关（$P<0.01$），当空气质量较好时，露

水沉降量大;当雾霾天气时,PM$_{2.5}$和PM$_{10}$与露水强度相关性不显著($P>0.05$),说明雾霾天气水汽凝结能力减弱。这是由于在雾霾天气大气中源于农田生物质燃烧、地面扬尘、煤炭燃烧和石油工业排放、二次颗粒物等污染物含量激增,在水汽含量较高时发生在颗粒物表面的非均相反应加剧。以 NO$_2$ 为例,在湿润表面NO$_2$ 与水分子发生的非均相反应生成气态亚硝酸(HONO)(式(8.10)),该反应为一级反应,极可能发生在气溶胶表面(包括云滴、雾滴、空气中的颗粒物等)。产物中 HONO 有一部分脱离地表面返回大气,HNO$_3$ 则留在反应表面,在界面吸附液态水后沉降。因此,颗粒物在雾霾天气条件下,存在由气到气溶胶再到液滴的过程。雾霾天气下大气中 SO$_4^{2-}$、NO$_3^-$、Cl$^-$ 等细粒径含量均上升,气溶胶粒子通过吸湿发生非均相反应,在由气溶胶转为液滴的过程中,如水汽不足反而不易被凝结,悬浮在大气中降低近地表能见度。因此,在雾霾天气发生,当空气中相对湿度较低时,如果气溶胶中细粒径气溶胶含量高,则不易产生露水;当空气中相对湿度较高时,超过了细粒径气溶胶吸湿阈值,则潜在露水易于转化为有效露水。综上可知,雾霾天对露水的影响较为复杂,受颗粒物类型及相对湿度等条件共同影响,雾霾天气空气湿度大时易沉降悬浮颗粒物。

$$2NO_2 + H_2O_{ads} \longrightarrow HONO + HNO_3 \tag{8.10}$$

由上述分析可知,雾霾期间可通过在近地表喷洒水滴增加大气中水分子的形式加快细颗粒物的沉降过程。水汽在上升过程中,加大了近地表的空气湿度,为颗粒物提供了更多凝结的载体,在"逆湿"的天气条件下,颗粒物表面更易达到露点温度,使凝结过程不断进行,当颗粒物上吸湿的水分达到饱和状态时,其会使悬浮态的颗粒物和水汽向地表运移,在地表的地物表面凝结成露水,完成从污染颗粒物向凝结核再到地表沉降物的转化过程。随着地表露水量的加大,大气污染物和水汽的浓度降低。因此,根据露水凝结的原理及其与雾霾间的关系可以判断,在颗粒物浓度一定时,人工向空中输送水汽,有利于颗粒物的沉降作用,是净化空气、治理大气污染的有效方法。

8.6.3 水溶性离子

随着雾霾事件的不断恶化,露水中所有水溶性离子浓度逐渐增高,在雾霾最严重时离子浓度也达到峰值(见图 8.12)。其中 SO$_4^{2-}$ 和 NH$_4^+$ 最高达到15325.95μeq/L 和 13865.45μeq/L,分别是非雾霾期的 5.87 倍(SO$_4^{2-}$)和 4.40 倍(NH$_4^+$)。随着雾霾的消退,水溶性离子浓度缓慢下降,雾霾事件结束后,露水的水质恢复到雾霾前的水平。雾霾期间大气颗粒物浓度增加显著,尤其是 PM$_{2.5}$ 和PM$_{10}$ 的质量浓度升至正常天气的 4~6 倍,大气颗粒物中所有水溶性离子均显著高于日常天气。研究发现,露水中水溶性离子浓度变化趋势与大气颗粒物一致,具有同步性,因此露水作为下垫面的水汽凝结物,可及时反映空气质量的变化程度,也充分说明通过分析露水的水质可以反演近地表的空气质量。

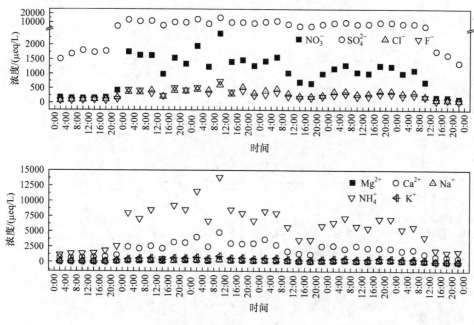

图 8.12 雾霾期间露水的主要离子组分变化趋势

8.6.4 颗粒物去除率

在雾霾期间,露水中颗粒物质量浓度升高,但是颗粒物的去除率降低。如图 8.13 所示,从此次雾霾事件开始(11 月 3 日凌晨 4:00)到最严重(11 月 6 日上午 8:00)的过程中,露水中的 $PM_{2.5}$ 和 PM_{10} 的质量浓度分别由 12.7mg/L 和 33.3mg/L 上升至 65.3mg/L 和 166.1mg/L。在 11 月 8 日 24:00 即雾霾事件结束时,露水中的 $PM_{2.5}$ 和 PM_{10} 的质量浓度降至 13.0mg/L 和 39.5mg/L。与上述时间段相对应的 $PM_{2.5}$ 和 PM_{10} 去除率从 22% 和 27% 下降至 10.5% 和 12.6%,雾霾结束时升至 18.2% 和 24.6%。在雾霾事件过程中,露水对 PM_{10} 的平均去除率为 16.9%,对 $PM_{2.5}$ 的平均去除率为 13.6%。由此可见,露水对 PM_{10} 的去除率高于 $PM_{2.5}$,再次证明露水凝结过程以去除粗颗粒物为主,即水汽凝结过程以粗颗粒物为主要的凝结核。雾霾过程引起的大气颗粒物质量浓度增加,在露水中也有相对应的表现,即雾霾时大气颗粒物浓度显著升高,露水中凝结的颗粒物浓度质量明显升高。只是雾霾过程中,下垫面的颗粒物不易凝结至下垫面,这是由于在雾霾发生时近地表处于逆温逆湿的天气条件下,颗粒物不易沉降也不易扩散,悬浮在空气中,这直接减缓了近地表水汽的凝结速率以及露水对颗粒物的去除效率。随着雾霾事件的结束,近地表水汽凝结速率缓慢回升。

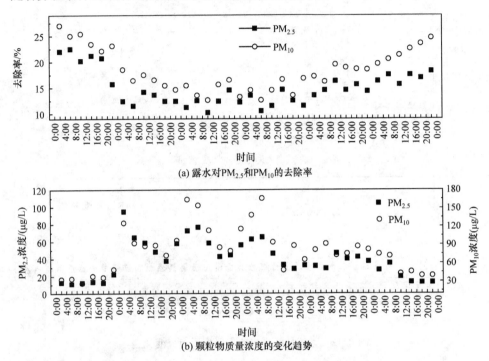

(a) 露水对PM$_{2.5}$和PM$_{10}$的去除率

(b) 颗粒物质量浓度的变化趋势

图 8.13　雾霾期间露水对 PM$_{2.5}$ 和 PM$_{10}$ 的去除率及露水中颗粒物的变化趋势

参 考 文 献

段德玉,欧阳华. 2007. 稳定氢氧同位素在定量区分植物水分利用来源中的应用. 生态环境,16(2):655-660.

凤凰网. 2013. 广州某团野外训练使用露水收集器在战场上找水喝. http://news.ifeng.com/mil/2/detail_2013_05/21/25526903_0.shtml[2018-6-21].

付长超,刘吉平,刘志明. 2009. 近60年东北地区气候变化时空分异规律的研究. 干旱区资源与环境,23(12):60-65.

高连国,高洪娇,唐德东. 2001. 玉米叶片集水抗旱效果的观测. 气象,27(1):56-57.

郭占荣,刘建辉. 2005. 中国干旱半干旱地区土壤凝结水研究综述. 干旱区研究,22(4):576-580.

韩晓增,王守宇,宋春雨,等. 2003. 黑土区水田化肥氮去向的研究. 应用生态学报,14(11):1859-1862.

胡海英,包为民,瞿思敏,等. 2007a. 稳定性氢氧同位素在水体蒸发中的研究进展. 水文,27(3):1-5.

胡海英,包为民,王涛. 2007b. 水体蒸发中瑞利分馏公式的模拟及实验验证. 水利学报,10(增刊):314-317.

胡敏,张静,吴志军. 2005. 北京降水化学组成特征及其对大气颗粒物的去除作用. 中国科学(B辑 化学),35(2):169-176.

霍铭群,孙倩,谢鹏,等. 2009. 大气颗粒物和降水化学特征的相互关系. 环境科学,30(11):3159-3166.

克里斯·麦克纳布. 2015. 英国特种空勤团及精锐特种部队生存指南:野外生存技能. 朱禹丞,译. 北京:人民邮电出版社.

林俊城,田小海,殷桂香,等. 2008. 人工调节籼型杂交水稻不育系花时的研究. 中国农业科学,41(8):2474-2479.

刘树元,阎百兴,王莉霞. 2010. 人工湿地中氨氮反应与pH变化关系的研究水土保持学报,24(3):243-246.

刘文杰,李红梅,段文平. 1998. 西双版纳地区露水资源分析. 自然资源学报,13:40-45.

刘文杰,张克映,张光明,等. 2001. 西双版纳热带雨林干季林冠雾露水资源效益研究. 资源科学,23(2):75-80.

刘文杰,张一平,刘玉洪,等. 2003. 热带季节雨林和人工橡胶林林冠截留雾水的比较研究. 生态学报,23(11):2379-2386.

刘文杰,李鹏菊,李红梅,等. 2006. 西双版纳热带季节雨林林下土壤蒸发的稳定性同位素分析. 生态学报,26(5):1303-1311.

刘兴土,马学慧. 2002. 三江平原自然环境变化与生态保育. 北京:科学出版社.

拟苏铁. 2015. 植物吧. https://tieba.baidu.com/p/4155264515?red_tag=0839113126[2018-7-21].

潘颜霞,王新平,张亚峰,等. 2013. 沙坡头地区吸湿凝结水对生物土壤结皮的生态作用. 应用生态学报,24(3):653-658.

孙学军. 2014. 空气取水新技术. http://blog. sciencenet. cn/blog-41174-803777. html[2018-6-21].

王华,马宁,杨晓静,等. 2010. 成都市雨水中的重金属特征. 地球与环境,38(1):49-52.

王杰,王文科,田华,等. 2007. 环境同位素在三水转化研究中的应用. 工程勘察,3:31-39.

王宗明,张树清,张柏. 2004. 土地利用变化对三江平原生态系统服务价值的影响. 中国环境科学,24(1):125-128.

卫克勤,林瑞芳. 1994. 论季风气候对我国雨水同位素组成的影响. 地球化学,23(1):33-41.

威锋. 2012. 环保最高别具一格的露水收集系统. https://tech. feng. com/2012-09-30/The_environmental_dew_highest_unique_collection_system_490514. shtml[2018-6-24].

橡树摄影. 2016. 喝足了露水的蚂蚁. http://www. xiangshu. com/read. php? tid=2359750[2018-5-27].

新浪收藏. 2014. 微距摄影:蚂蚁的奇妙生活瞬间. http://collection. sina. com. cn/hwdt/20140321/1803146871. shtml[2018-4-23].

新浪图片. 2014. 自然影像大赛——其他动物组. http://slide. news. sina. com. cn/slide_1_53961_52083. html/d/1#p=1[2018-3-11].

星野望. 2014. 野外取水装备——露水银行瓶. http://blog. sina. com. cn/s/blog_9369b6b10101gnhu. html[2018-4-25].

徐莹莹,阎百兴,王莉霞. 2011a. 水稻露水凝结量研究. 中国农业科学,44(3):524-530.

徐莹莹,阎百兴,王莉霞. 2011b. 三江平原露水水汽来源的氢氧稳定同位素辨析. 环境科学,32(6):1550-1556.

徐莹莹,汤洁,祝惠,等. 2017. 东北城市露水凝结观测及其与常规气象要素关系分析研究. 生态学报,37(7):2382-2391.

阎百兴,邓伟. 2004. 三江平原露水资源研究. 自然资源学报,19(6):732-737.

阎百兴,徐莹莹,王莉霞. 2010. 三江平原农业生态系统露水凝结规律. 生态学报,30(20):5577-5584.

叶有华,周凯,彭少麟,等. 2009. 广东从化地区晴朗夜间露水凝结研究. 热带地理,29(1):26-30.

叶有华,周凯,彭少麟. 2016. 露水对马缨丹生长的影响研究. 生态环境学报,25(10):1599-1603.

于瑞莲,胡恭任,袁星,等. 2009. 大气降尘中重金属污染源解析研究进展. 地球与环境,37(1):73-79.

员建,陈轶,李琼,等. 2010. pH对剩余污泥中氮、磷释放的影响. 中国给水排水,26(1):96-98.

张建山. 1995. 沙漠滩区凝结水补给机理研究. 地下水,17(2):76-77.

张强,胡隐樵. 1998. 西北地区绿洲维持过程中水分的输送特征//西部资源环境科学研究中心论文集. 兰州:兰州大学出版社.

张强,王胜. 2007. 关于干旱和半干旱区陆面水分过程的研究. 干旱气象,25(2):3-6.

张强,卫国安. 2003. 邻近绿洲的荒漠表层土壤逆湿和对水分"呼吸"过程的分析. 中国沙漠, 23(4):380-383.

张芸,吕宪国,杨青. 2005a. 三江平原典型湿地水化学性质研究. 水土保持学报,19(1): 184-187.

张芸,吕宪国,杨青. 2005b. 三江平原湿地水平衡结构研究. 地理与地理信息科学,25(1): 79-82.

赵魁义. 1999. 中国沼泽志. 北京:科学出版社.

赵宗慈,罗勇. 2007. 21世纪中国东北地区气候变化预估. 气象与环境学报,23(3):1-4.

郑琰明,钟巍,彭晓莹,等. 2009. 粤西云浮市大气降水 $\delta^{18}O$ 与水汽来源的关系. 环境科学, 30(3):637-643.

祝惠,阎百兴. 2010. 三江平原水田氮的侧渗输出研究. 湿地科学,8(3):266-272.

Akinbode O M,Eludoyin A O,Fashae O A. 2008. Temperature and relative humidity distributions in a medium-size administrative town in southwest Nigeria. Journal of Environmental Management,87(1):95-105.

Ali K,Momin G A,Tiwari S,et al. 2004. Fog and precipitation chemistry at Delhi,North India. Atmospheric Environment,38(25):4215-4222.

Beysens D. 1995. The formation of dew. Atmospheric Research,39(1):215-237.

Beysens D,Muselli M,Nikolayev V,et al. 2005. Measurement and modelling of dew in island, coastal and alpine areas. Atmospheric Research,73(1-2):1-22.

Beysens D,Ohayon C,Muselli M,et al. 2006. Chemical and biological characteristics of dew and rain water in an urban coastal area (Bordeaux,France). Atmospheric Environment,40(20): 3710-3723.

Chattoopadhyay N,Hulme M. 1997. Evaporation and potential evapotranspiration in India under conditions of recent and future climate change. Agricultural and Forest Meteorology,87(1): 55-72.

Claeson A S,Lidén E,Nordin M,et al. 2013. The role of perceived pollution and health risk perception in annoyance and health symptoms:A population-based study of odorous air pollution. International Archives of Occupational and Environmental Health,86(3):367-374.

Clus O,Ortega P,Muselli M,et al. 2008. Study of dew water collection in humid tropical islands. Journal of Hydrology,361(1-2):159-171.

Corbin J D,Thomsen M A,Dawson T E,et al. 2005. Summer water use by California coastal prairie grasses:Fog,drought,and community composition. Oecologia,145(4):511-521.

Crutzen P J. 2004. New directions:The growing urban heat island and pollution "island" effect impact on chemistry and climate. Atmospheric Environment,38(21):3539-3540.

Easlon H M,Richards J H. 2009. Photosynthesis affects following night leaf conductance in

Vicia faba. Plant, Cell and Environment, 32(1): 58-63.

Erik D K, Brian K H, Michael H C, et al. 2009. Dew frequency, duration, amount, and distribution in corn and soybean during SMEX05. Agricultural and Forest Meteorology, 149(1): 11-24.

Gałek G, Sobik M, Błaśa M, et al. 2011. Dew formation and chemistry near a Motorway in Poland. Pure and Applied Geophysics, 169: 1053-1066.

Gałek G, Sobik M, Błaśa M, et al. 2015. Dew and hoarfrost frequency, formation efficiency and chemistry in Wroclaw, Poland. Atmospheric Research, 151: 120-129.

Gandhidasan P, Abualhamayel H I. 2005. Modeling and testing of a dew collection system. Desalination, 180(1-3): 47-51.

He S Y, Richards K. 2015. The role of dew in the monsoon season assessed via stable isotopes in an alpine meadow in Northern Tibet. Atmospheric Research, 151: 101-109.

Hu M, Zhang J, Wu Z J. 2005. Chemical compositions of precipitation and scavenging of particles in Beijing. Science in China Series B: Chemistry, 48(3): 265-272.

Huo M Q, Sun Q, Xie P, et al. 2009. Relationship between atmospheric particles and rain water chemistry character. Zeitschrift für Medienpsychologie, 30(11): 3159-3166.

Jacobs A F G, Heusinkveld B G, Berkowicz S M. 2000. Dew measurements along a longitudinal sand dune transect, Negev Desert, Israel. International Journal of Biometeorology, 43(4): 184-190.

Jacobs A F G, Heusinkveld B G, Berkowicz S M. 2002. A simple model for potential dewfall in an arid region. Atmospheric Research, 64(1-4): 285-295.

Jacobs A F G, Heusinkveld B G, Berkowicz S M. 2008. Passive dew collection in a grassland area, The Netherlands. Atmospheric Research, 87(3-4): 377-385.

Janjit I, Su W Y, Jae S R. 2007. Nutrient removals by 21 aquatic plants for vertical free surface-flow (VFS) constructed wetland. Ecological Engineering, 29(3): 287-293.

Jiries A. 2001. Chemical composition of dew in Amman, Jordan. Atmospheric Research, 57(4): 261-268.

Kidron G J. 1999. Altitude dependent dew and fog in the Negev Desert, Israel. Agricultural and Forest Meteorology, 96(1): 1-8.

Kidron G J, Herrnstadt I, Barzilay E. 2002. The role of dew as a moisture source for sand microbiotic crusts in the Negev Desert, Israel. Journal of Arid Environments, 52(4): 517-533.

Kidron G J, Starinsky A. 2012. Chemical composition of dew and rain in an extreme desert (Negev): Cobbles serve as sink for nutrients. Journal of Hydrology, 420-421: 284-291.

Kim K, Lee X H. 2011. Transition of stable isotope ratios of leaf water under simulated dew formation. Plant, Cell and Environment, 34: 1790-1801.

Krupa S V. 2003. Effects of atmospheric ammonia (NH₃) on terrestrial vegetation: A review.

Environmental Pollution,124(2): 179-221.

Lakhani A,Parmar R S,Prakash S. 2012. Chemical composition of dew resulting from radiative cooling at a semi-arid site in Agra,India. Pure and Applied Geophysics,169(5-6): 859-871.

Lee K S,Wenner D B,Lee I. 1999. Using H- and O- isotopic data for estimating the relative contributions of rainy and dry season precipitation to groundwater: Example from Cheju Island,Korea. Journal of Hydrology,222(1): 65-74.

Lekouch I,Mileta M,Muselli M,et al. 2010. Comparative chemical analysis of dew and rain water. Atmospheric Research,95(2-3): 224-234.

Lekouch I,Muselli M,Kabbachi B,et al. 2011. Dew fog and rain as supplementary sources of water in south-western Morocco. Energy,36(4): 2257-2265.

Lekouch I,Lekouch K,Muselli M,et al. 2012. Rooftop dew,fog and rain collection in southwest Morocco and predictive dew modeling using neural networks. Journal of Hydrology,448-449: 60-72.

Li X Y. 2002. Effects of gravel and sand mulches on dew deposition in the semiarid region of China. Journal of Hydrology,260(1): 151-160.

Luo W H,Goudriaan J. 2000a. Measuring dew formation and its threshold value for net radiation loss on top leaves in a paddy rice crop by using the dew ball: A new and simple instrument. International Journal of Biometeorology,44(4): 167-171.

Luo W H,Goudriaan J. 2000b. Dew formation on rice under varying durations of nocturnal radiative loss. Agricultural and Forest Meteorology,104(4): 303-313.

Madeira A C,Kimb K S,Taylor S E,et al. 2002. A simple cloud-based energy balance model to estimate dew. Agricultural and Forest Meteorology,111(1): 55-63.

Malek E,Giles B,Mccurdy G. 1999. Dew contribution to the annual water balances in semi-arid desert valleys. Journal of Arid Environments,42(2): 71-80.

Manabe S,Wetherald R T. 1987. Large-scale changes of soil wetness induced by an increase in atmospheric carbon dioxide. Journal of the Atmospheric Sciences,44(8): 1211-1236.

Maria R A,Eduardo L,Guillermo V. 2008. Factors determining the concentration of nitrite in dew for Santiago,Chile. Atmospheric Environment,42(33): 7651-7656.

Monteith J L. 1957. Dew. Quarterly Journal of the Royal Meteorological Society,83(357): 322-341.

Muselli M,Beysens D,Marcillat J,et al. 2002. Dew water collector for potable water in Ajaccio (Corsica Island,France). Atmospheric Research,64(1-4): 297-312.

Muselli M,Beysens D,Mileta M,et al. 2009. Dew and rain water collection in the Dalmatian coast,Croatia. Atmospheric Research,92(4): 455-463.

Peterson T C,Golubev V S,Groisman P Y. 1995. Evaporation losing its strength. Nature,377 (6551): 687-688.

Richards K. 2002. Hardware scale modelling of summertime patterns of urban dew and surface moisture in Vancouver, BC, Canada. Atmospheric Research, 64(1-4): 313-321.

Richards K. 2004. Observation and simulation of dew in rural and urban environments. Progressin Physical Geography, 28(1): 76-94.

Richards K. 2005. Urban and rural dewfall, surface moisture, and associated canopy-level air temperature and humidity measurements for Vancouver, Canada. Boundary-Layer Meteorology, 114(1): 143-163.

Rubio M A, Lissi E, Villena G. 2002. Nitrite in rain and dew in Santiago city, Chile. Its possible impact on the early morning start of the photochemical smog. Atmospheric Environment, 36(2): 293-297.

Schmitz H F, Grant R H. 2009. Precipitation and dew in a soybean canopy: Spatial variotions in leaf wetness and implications for Phakopsora pachyrhizi infection. Agricultural and Forest Meteorology, 149(10): 1621-1627.

Sharan G, Beysens D, Milimouk M I. 2007. A study of dew water yield on Galvanized iron roofs in Kothara (North-West India). Journal of Arid Environments, 69(2): 259-269.

Singh S P, Khare P, Maharaj K K, et al. 2006. Chemical characterization of dew at a regional re-paresentative site of North-Central India. Atmospheric Research, 80(4): 239-249.

Sudesh Y, Pawan K. 2014. Pollutant scavenging in dew water collected from an urban environment and related implications. Air Quality, Atmosphere and Health, 7(4): 559-566.

Sun Y L, Zhuang G S, Tang A H, et al. 2006. Chemical characteristics of $PM_{2.5}$ and PM_{10} in haze-fog episodes in Beijing. Environmental Science and Technology, 40(10): 3148-3155.

Sunny. 2016. 干旱地区必备技能:露水的收集和存储. http://www. yogeev. com/article/70496. html[2018-1-21].

Tan J H, Duan J C, He K B, et al. 2009. Chemical characteristics of $PM_{2.5}$ during a typical haze episode in Guangzhou. Journal of Environmental Sciences, 21(6): 774-781.

Wagner G H, Steele K F, Peden M E. 1992. Dew and frost chemistry at a mid-continent site, United States. Journal of Geophysical Research: Atmospheres, 97(18): 20591-20597.

Wen X F, Lee X H, Sun X M, et al. 2012. Dew water isotopic ratios and their relationships to ecosystem water pools and fluxes in a cropland and a grassland in China. Oecologia, 168(2): 549-561.

Wesely M L, Sisterson D L, Jastrow J D. 1990. Observations of the chemical properties of dew on vegetation that affect the dry deposition of SO_2. Journal of Geophysical Research: Atmospheres, 95(6): 7501-7514.

Xu Y Y, Yan B X, Luan Z Q, et al. 2012. Dewfall variation by large-scale reclamation in Sanjiang Plain. Wetlands, 32: 783-790.

Xu Y Y, Yan B X, Tang J. 2015a. The effect of climate change on variations in dew amount in a paddy ecosystem of the Sanjiang Plain, China. Advances in Meteorology, DOI: 10. 1155/2015/ 793107.

Xu Y Y, Zhu H, Tang J, et al. 2015b. Chemical compositions of dew and scavenging of particles in Changchun, China. Advances in Meteorology, DOI: 10. 1155/2015/104048.

Xu Y Y, Zhu H, Tang J. 2016. The effects of haze on dew quality in the urban ecosystem of Changchun, Jilin Province, China. Environmental Monitoring and Assessment, 188(2): 1-10.

Ye Y H, Zhou K, Song L Y, et al. 2007. Dew amounts and its correlations with meteorological factors in urban landscapes of Guangzhou, China. Atmospheric Research, 86(1): 21-29.

Zaneta P, Marek B, Kamila K, et al. 2008. Chemical characterization of dew water collected in different geographic regions of Poland. Sensors, 8(6): 4006-4032.

Zuo H C, Li D L, Hu Y Q, et al. 2005. Characteristics of climatic trends and correlation between pan-evaporation and environmental factors in the last 40 years over China. Chinese Science Bulletin, 50(12): 1235-1241.

编　后　记

　　《博士后文库》(以下简称《文库》)是汇集自然科学领域博士后研究人员优秀学术成果的系列丛书。《文库》致力于打造专属于博士后学术创新的旗舰品牌，营造博士后百花齐放的学术氛围，提升博士后优秀成果的学术和社会影响力。

　　《文库》出版资助工作开展以来，得到了全国博士后管委会办公室、中国博士后科学基金会、中国科学院、科学出版社等有关单位领导的大力支持，众多热心博士后事业的专家学者给予积极的建议，工作人员做了大量艰苦细致的工作。在此，我们一并表示感谢！

《博士后文库》编委会